LOCUS

U0003928

LOCUS

LOCUS

LOCUS

from

vision

from 45
用心飲食
Harvest for Hope

作者：Jane Goodall, Gary McAvoy, Gail Hudson
譯者：陳正芬
責任編輯：湯皓全
封面設計：許慈力　美術編輯：何萍萍
出版者：大塊文化出版股份有限公司
台北市 105 南京東路四段 25 號 11 樓
讀者服務專線：0800-006689
TEL：(02) 87123898　FAX：(02) 87123897
郵撥帳號：18955675　戶名：大塊文化出版股份有限公司
法律顧問：董安丹律師、顧慕堯律師
版權所有　翻印必究

Harvest for Hope by Jane Goodall with Gary McAvoy and Gail Hudson
Original English Language edition
copyright © 2005 Jane Goodall with Gary McAvoy and Gail Hudson
This edition published by arrangement with Grand Central Publishing,
New York, New York, USA.
Arranged through Bardon-Chinese Media Agency.
Complex Chinese edition copyright © 2007 by Locus Publishing Company
All rights reserved.

總經銷：大和書報圖書股份有限公司
地址：新北市新莊區五工五路 2 號
TEL：(02) 89902588 (代表號)　FAX：(02) 22901658

初版一刷：2007 年 7 月
二版一刷：2020 年 3 月

定價：新台幣 400 元
Printed in Taiwan

Harvest for Hope
用心飲食

Jane Goodall　等著
陳正芬　譯

目次

謹以本書獻給成千上萬個此刻正在奮勇圖存的小農，尤其是擁護有機農耕的那群人；獻給挺身對抗農企業大欺小伎倆的人們；也獻給努力不懈，將有益健康的食物重新介紹給速食國度公民的男男女女。

此外，也獻給世界各地數十億正在受苦受難的農場動物。

《用心飲食》臺灣版序

珍古德博士

一九九六年，我應當時的新聞局局長胡志強先生之邀來臺訪問。自那時起，我年年都會回來（除了二〇〇三年因 SARS 未能成行）。我停留的時間總是太短，因爲有太多事情要做，太多其他國家需要訪問，我盡量將每天的行程排得滿滿的。儘管非常辛苦而且忙碌，卻總是過得十分愉快，我最後更愛上了臺灣——一個人民工作時數長卻又能盡情享受生活的地方。樂趣之一也包括與好的同伴一起享受好的食物，而這正是一本關於世界各地飲食文化的書。這幾年來，我在全臺各地與臺灣友人分享過許多美好餐飲，其中有豪華、冗長而正式的宴會，也有和珍古德協會理監事、員工或志工趕場時在路上吃的簡便餐點。當然還有經過漫長的一天後，身心俱疲地攤在君悅飯店裡，最後再吃一些起司、水果與堅果等點心。這裡是我的第二個家，自從首次到訪之後每回都下榻於此，第一次承蒙臺灣當局招待，後來的費用則當作是對國際珍古德協會的捐贈。

對我來說，中國菜最大的優點之一就是有無數美味的素食選擇。有一回，我到一間頗具聲望的女子學校演講，演講前與校友們一起吃了一頓全素餐。當我看到一道道以肉爲名的菜色，感到十分驚訝。其中有豆類製成的火腿，和各式各樣的魚！一道接著一道。當我已經吃得太多時，主菜上來了！我想那應該是素牛肉片。我只能吃一小口意思一下，因爲實在太撐了！席上每個人也都輪流斟酒，氣氛非常愉快——結果因爲吃吃喝喝的時間拖得太長，我的演說還晚了幾分鐘才開始！那一餐，我們甚至還喝了素魚翅湯。長久以來，眞正的魚翅一直是中華料理中的美味佳餚，象徵著主人的財富與地位。有許多人相信魚翅能增進男性活力，這當然是絕對錯誤的觀念——魚翅壯陽的效果和犀牛角一樣徒具虛名。魚翅取得的過程非常殘酷，因爲是從活生生的鯊魚身上將鰭割下，然後再將鯊魚放回海中，這些鯊魚當然活不成。魚類是不能沒有鰭的。因此，當我二〇〇二年訪問臺灣時，很高興得知陳水扁總統宣布國宴中將不再供應魚翅。這有助於鯊魚保育運動——因爲有許多鯊魚品種已瀕臨絕種。但願能有愈來愈多人可以群起效法。

另一頓讓我永生難忘的餐宴是由臺東達魯瑪克族人準備的。這些原住民在日據時代被迫遷移下山，文化也隨之佚失，如今他們想重新找回自己的文化。我們從臺東開車爬上陡峭的高山，來到幾棟新近重建的建築前。首先有一個很長的儀式，由頭目與族人的祖靈溝通，招靈入屋。接著他用三根小竹籤刺起一串食物碎片——簡直像極了迷你版的喀巴布（串烤羊肉）！他將這三串食物直豎在如今已安頓祖靈的「祭壇」前面。然後頭目為我賜名 Lava-oos（意謂有智慧的長者），讓我成為他們家族的榮譽成員，餐宴隨即展開。頭目殺了自家的一頭豬，豬肉數量極多——這當然是有機的放山豬肉。但頭目知道我吃素，還特別上山到森林裡為我採摘各種菜葉與蕨類。其中最美味的莫過於「野菜水餃」；目前族人正努力推廣幾項家庭工業，以增加部落的收入，並鼓勵年輕人留在新社區，而野菜水餃正是其中一項產品。他們還大量供應美味的小米酒，與我在坦尚尼亞喝到的很類似。

此外，還有一趟特殊的訪問行程，最後在性質截然不同的「盛宴」中到達高潮。那次是到臺南一處新近重整的濕地保護區參觀水雉，故事非常有趣。當初臺灣高鐵公司發現新建的高速鐵路會破壞臺灣僅剩的兩處水雉棲息地中較大的一處，曾經試圖更改路線，卻沒有成功。於是他們與當地政府及野鳥協會合作，計畫以不同的策略拯救這些水鳥。他們收購昔日為了農業用途而將水排乾的土地，重新注水，使水雉賴以棲息的菱角田與蓮花田重現。我們在二〇〇〇年參訪時，在那裡繁殖的水鳥與存活的雛鳥數量已經比原先的地區——即受到鐵路工程破壞的地區——還要更多。

當我們要離開時，發現具創業精神的村民在路邊販賣菱角。不久我們便人手一個牛皮紙袋，裡頭裝著熱騰騰的菱角，只見美味、熟透的菱角肉從裂開的殼縫間鼓脹而出。正吃著菱角之際，又經過一個路邊攤，賣的是我從未見過的巨無霸柚子！由於價格實在便宜，我們忍不住買了一大堆，不久迷你巴士內的地板上便堆滿這美麗的黃色水果。我至今仍記得菱角與剛剝了皮的柚子香甜氣味！

近年來，我看到橫掃全世界——包括臺灣在內——對食物態度的一種相同的改變。臺灣人現在也比較注意食物的種植、烹調方式，以及食物是怎麼來的。他們已經開始了解密集飼養的動物的慘況，以及吃太多肉對環境以及對自己身體健康的影響。而且有愈來愈多人開始選擇有機飲食——也就是不用慢性毒害我們與周遭環境的化學殺蟲劑、肥料與除草劑所種植出來的產品。

在本書中，我解釋了諸如此類的一切，並建議每個人該怎麼做才能讓世界有所改變。爲了下一代著想，我們必須努力彌補自己無心造成的傷害，做一個更稱職的地球管理員。

前言

人們問我，爲什麼要寫關於食物的書？我想，這對不認識我的人來說似乎是件奇怪的事，畢竟我是所謂的「黑猩猩女士」，我在亞洲常被稱爲「黑猩猩之母」，既然如此，我又爲什麼會對「吃」感興趣呢？且聽我道來。

一九六〇年以來，我就花許多時間觀察黑猩猩的進食情形，收集他們的食物標本。我留意到跟吃有關的行爲——像是除非食物足夠讓大夥享用，否則盡可能把閒雜人等趕走。這也就是說，如果你是老大，就可以叫大夥遠離你眞正喜歡吃的東西。一段時間下來，我發現佔優勢的女性在傳宗接代方面會有比較好的表現，她們較早開始懷孕，也生得比較多。所以說，愈是具支配地位就能取得愈多最好的食物，如此對後代子孫就會有幫助，尤其是女兒們，有其母必有其女，她們的支配地位也會節節高昇而且成功。因此食物是重要的。此外，我發現他們會爲食物爭鬥，尤其在僧多粥少的情況下。

當我不在我最愛的森林時，我會花很多時間觀察人。不過這只是自娛罷了。六〇年代末，我開始發表關於黑猩猩的演說，當時我是真的很怕對大眾說話（儘管沒人知道），我經常得先參加一場演講前舉辦的餐會。但胃裡打了個結的我根本食不下嚥，這時我就會觀察人，這麼做有助緩和緊張，因爲我在二十世紀被信以爲眞的「智人」（Homo sapiens）文明虛矯下，不費吹灰之力就看到我長久以來觀察黑猩猩所見到的相同行爲。

一九八六年，我參加由芝加哥科學院（Chicago Academy of Sciences）所舉辦的「了解黑猩猩」研討會，結果改變了我的一生。所有在非洲研究黑猩猩行爲，以及許多在動物園研究黑猩猩的人員齊聚一堂，參加爲期四天的研討會。情況顯示，這些迷人的人猿有了麻煩。他們的棲息地正逐漸消失，許多被活捉並遭到殘酷對待，而且還被當成盤中飧。換言之，他們被獵捕後當作食物販賣，替人類賺錢，我發現這已經成爲嚴重問題——不僅是對黑猩猩，也是對所有的森林動物——因爲除了以狩獵爲生的人從史前時期就靠著豐沛的森林資源過活，如今動物也因爲商業理由而遭獵捕，一切都是拜外國木材公司建造的新路之賜，讓原本到不了的森林如今到得了。獵人開著卡車在路的盡頭紮營，舉凡大象乃至蝙蝠等所有能吃的動物一律殺無赦，用煙燻製再拿到鎭上去賣，而都市菁英為「叢林肉」付出的錢，要高過雞肉或羊肉。

會議結束後，我知道我必須盡最大努力來拯救黑猩猩，改善他們的現況，並報答他們給過我的一切。我知道我再也不能在心愛的森林裡坐著觀察他們，我必須到世界各地，提高人們對黑猩猩困境的覺醒，因為他們正瀕臨絕種。

沒多久，我就領悟到黑猩猩所面臨的問題，這跟非洲面臨的問題密不可分。我很快就了解，在許多情況下，這些問題可以被直接歸咎於世界各地菁英社會那種浪費無度的生活態度，那是孕育於西方世界的生活方式，而後連同它的價值觀（或欠缺價值）和技術，外銷到開發中的世界。因此，為了幫助我的黑猩猩，我必須開始思考，如何讓那些把自然界愈來愈多無法再生的資源奪走而毫不自知的人們睜亮眼睛。

人類破壞地球的方式何其多。一旦我們理解了，一旦我們在意，就必須做點事。領悟到此，我知道自己的觀點是獨特的，我成長在二次大戰期間的艱苦時代，學會別把任何事視為理所當然。我體認到豐衣足食的重要性。經歷過快樂的童年，我來到非洲森林研究黑猩猩並實現夢想。初次來到坦尚尼亞的岡貝國家公園（Gombe National Park）時，我找到一個完全純淨的世界。構成岡貝水流的泉水，是在無污染的水源深處中心涵養而成，林子裡沒有人工的化學物質，坦甘伊喀湖（Lake Tanganyika）是全世界最大的無污染淡水水體。

但是漸漸地，一切都變了。生活在岡貝周遭森林的人口倍增。難民從蒲隆地（Burundi）（譯註：非洲中部的國家）和剛果（Congo）而來。一棵棵樹被砍倒。土壤侵蝕將往昔翠綠的山坡變得寸草不生。農民和漁夫這群窮人中的窮人日子愈來愈苦，他們在奮力存活之際將樹砍下，於是土壤就這麼被沖刷。很多人餓肚子，善意的外國人干預古早的捕魚方式，殊不知漁民原本是用這些古老的方法與世界和諧共處。於是到頭來，坦甘伊喀湖也落得過度捕撈的下場，人們愈來愈窮、愈來愈餓。

於是，我離開坦尚尼亞來到歐美演講，我看到人們吃東西，而且是吃個不停。買的食物愈來愈多，被丟棄的也愈來愈多。人們因爲吃太多而死，然而我不久前離開的非洲，那裡的人卻在餓肚子。我不能只是一味地幫助黑猩猩，卻任憑人類在痛苦中掙扎，因此有件事變得清楚了：爲了幫助黑猩猩，有必要和岡貝周遭村落的人民合作。

漸漸地，我進入各個圈子，開始對貧窮有了更多的認識。當然還有飢餓問題。當我繞著地球跑遍更多地方，也見到愈來愈多失去希望的年輕人。我看到絕望、冷漠和憤怒，而當我聆聽智者的聲音時，也漸漸了解人類遵循的路子可能輕易導致地球生命的結束，因爲我們正在用合成化學物質污染空氣、水和土地。此外，有一大部分的污染是由栽種糧食用的肥料、殺蟲劑和除草劑等農業用化學物質造成，而這些化學物質有時是爲了對付戰場上的敵人而發展出來的。我也發現，人類對養來吃的動物所施加無法容忍的殘酷行徑，也應該接受懲罰，至今我們必須發揮人類慈悲、利他，與愛的潛能。

栽種、收成、販賣、購買、料理，和吃，在世界扮演著核心角色，這點愈來愈明顯。同樣明顯的是，這當中出了些差錯。很多食物是不利健康的。許多人不再注意自己吃的食物來自何處，有些更不知道自己在吃什麼。事實上，過去一百年來，尤其是從二次大戰結束後的半個世紀間，工業、技術的世界逐漸破壞我們對食物的了解：包括它來自何處、以及如何登上我們的餐桌。

曾經，人類與地球以及在其間賴以維生的動物，有過比較親密的關連。他們採集食物，用原始工具撬開堅果，獵捕成功後肢解屍體。等人類發現火以後，聚在石洞裡享用，說不定還有鬣狗或狼在外頭等著殘渣剩菜。隨著農業時代的到來，人們在田裡工作，犁田、播種而後收割，趁著天還未下雨，全體出動幫忙把穀物和乾草收割下來。女人則是用火烤、水煮和油煎食物，並將醃肉吊在天花板上。牛正在被擠奶，製酪場裡製作奶油和乳酪。季節是重要的，至於天氣之所以重要，是因爲它對作物的影響。

現今地球有超過六十億嗷嗷待哺的人類，而我們已經見識到大型跨國企業展現實力，迫不及待利用如此龐大的全球市場商機。爲了製造更多食物來餵飽飢民，或滿足今日物質主義都市菁英的「慾望」而非「需求」，於是農耕的方法已經改變。勢力有增無減的企業在政府撐腰下，目標是盡可能以最低廉的代價製造最多食物，爲股東賺取最大利潤。

在你我生活的這個年代，土地、水和空氣遭受農業用化學物質的毒害，導致人類、動物和環境生病，甚至創造了疾病。這是個爲了栽種玉米以飼養牛群，而將熱帶雨林砍伐殆盡的年代；也是個在沒有空間與尊嚴下，每隻動物每天製造最大利潤的時代——用愈來愈密集的方式飼養食用動物，並以高油脂且往往不自然的食物餵養，確保動物在最短時間內增加最多重量或製造最多牛奶，或者下最多顆雞蛋。

人們多半不知道，這些企業在全球各地不僅掌握愈來愈多的農地，也掌握愈來愈多的糧食種子。此外，他們還控制種子的生長方式，規定一定要在大片中了毒的田地上栽種單一作物。多數人不知道，企業已經接管肉類的生產，或者正逐漸把僅存的傳統小型家庭農場經營者趕走。人們大多也沒有察覺到，跨國企業是以什麼速度，併吞過去販賣當地農產品的在地食品雜貨店。許多地區性的食物、豐富多樣的作物，如今卻處在絕種邊緣，只因爲企業控制我們的糧食與作物栽培。

這種現象在我們跟土地和食物之間製造障礙，這障礙原本是防止我們察覺經常隱含在每口食物背後的破壞與苦難。如今，世界各地有愈來愈多生活在市中心的人，可以從雜貨店買到冷凍熟食餐，或者到餐廳吃飯，卻不知道自己吃的是什麼，用什麼方式生長或收成或烹煮，或者從哪裡來。多數人甚至不曾納悶，自己吃的東西究竟旅行多遠才來到當地的雜貨店，以及爲了把食物弄來這裡，究竟耗費多少能源跟資源。

該怎麼做，才能阻止在對金錢利益的貪得無厭驅動下，如怪獸般的企業收購行爲？爲了在下次股東會呈現經濟成長，而做出影響你我健康和未來世代地球健康的決策，如此這般的世界該如何改變？在這巨型企業貪婪、人類與動物受苦，以及環境被破壞的世界，每個人能做些什麼？是否絕對超過我們的控制？有數百萬人做如是想，他們在面對問題的強度時感到無助，所以即使在意也陷入冷漠。本書將這樣的人們從軟弱接受現況中大聲喚醒，每個人都能做出改變，這點再怎麼強調都不為過。我也希望你了解自己能做什麼，並選擇去做！

我將帶各位去見幾位了不起的人物，他們一如大衛遇到歌利亞（譯註：Goliath，聖經中被大衛殺死的非利士巨人。），反擊、對付企業強權，有時以小扳大。他們深深啓發你我，展現人類大無畏的精神。此外成千上萬的人以較不具戲劇性的方式做好份內工作，世界各地有愈來愈多受挫又擔心的消費者，拒絕光顧速食連鎖店，並堅持非有機不買。每一天，如果負擔得起的每個人，對於買什麼、吃什麼，以及向誰買做出合乎道德的選擇，就能聯合起來改變糧食栽培和料理的方式。

我希望本書讓大家更了解攸關生命的重要議題，亦即對地球自然資源的永續性、動物福祉，尤其是人類健康來說都很重要的議題。

改變方向永不嫌遲。我們可以再次與食物產生連結，學著理解食物的本質與歷史，同時擁抱更自然的飲食。我們非這麼做不可，因為我們處在人類歷史的關鍵點上。如果繼續任憑企業控制糧食供應，未來半世紀內，人類可能吞沒所有賴以維生的糧源，或導致它們全都含有毒素。

我有三個小孫子，一想到我們從我還在他們這樣的年紀就開始傷害地球至今，我就感到錐心的刺痛。爲了他們著想，一定要逆轉毀滅的趨勢，其中一種眞正能帶來改變的作法，就是思考自己吃下去的東西，我們的每個決定，包括選擇購買什麼、吃什麼，將對環境、動物福祉，更重要的是對人類健康帶來衝擊。在這樣的理解下，我決定非寫這麼一本書不可，我希望它幫助人們了解現況，讓每個人理解自己在改善世界方面所能扮演的重要角色。有幾個部分並不容易讀——我們確實曾經把事情搞砸。但我也希望這會是一本有趣的書，並爲未來帶來希望。

讓我們一起心手相連，盡自己的力量爲孩子與他們的孩子創造更美好的世界，如此我們留給他們採收的，才眞正會是「滿載希望的收穫」。

1 動物與人類的關係

宇宙中，不是吃就是被吃。一切終究是食物。

——印度奧義書

有句英國的古諺說：「風度造就一個人。」(Manners Makyth Man.) 其實，造就一個人的是食物。因爲如果我們考量基本生理機能和身體構造，以及透過基因遺傳的種種行爲，人吃什麼樣的東西，就會是什麼樣的人。儘管有些人宣稱不吃也可以，但人不能沒有食物。十九世紀後半，禁食的年輕女孩攫獲全歐洲人的想像，其中尤以十二歲的莎拉・傑考伯 (Sarah Jacob)，兩年來不吃不喝最讓醫師既驚訝、又困惑，人們搶著看她的廬山眞面目，最後父母總算答應醫療團隊對她進行監控，不久她的情況惡化，很快就蒙主寵召。拒絕提供食物的父親，與其妻子共同以殺人罪名入獄，那之前兩年間到底誰在暗渡陳倉，將永遠是個謎。

比較近期的一九九九年，愛倫・葛瑞夫（Ellen Greve）以新時代（New Age）飲食權威之姿現身，宣稱有五年未進食，靠著空氣中無法用肉眼看到的晶體維生。她主張配合靈修進行二十一天斷食，至於詳情則是被五千多名追隨者採信，導致其中多人重病、三人死亡。外界的質疑聲浪不斷，在名譽不保的情況下，她終於同意待在旅館接受嚴密監控，三、四天不吃不喝的她終於不支倒地而被送醫，與可憐的莎拉不同的在於她撿回一條老命，還抱怨旅館房間的空氣不新鮮，不能像澳洲內地的空氣那樣支持她的生命，企圖藉此挽回顏面。後來她就是跑到澳洲內地，從此銷聲匿跡！

當然，人確實可以在驚人的長時間內不吃不喝，但到頭來每個人都需要某種養分以存活，而這養分也可能是驚人的小量。凡生物都需要某種食物，儘管有些生物斷食的時間，要比人類所能的長久許多，諸如熊等冬眠的物種會進入減緩的生理過程，能夠完全不進食而渡過漫漫寒冬。非洲肺魚（lungfish）把自己埋在乾涸水窪的泥濘中直到下次雨季，而這一等可能就是好幾年。我見過一隻扁虱（tick）在罐子裡不吃不喝了六年多還好端端活著，如果你伸手靠近它，猛烈晃動它的前腳和觸鬚，它會變得極度興奮，我認爲這是因為它嗅到血液，為此我真替它感到難過。但這些都是例外。多數動物就像你我需要規律進食，尤其是水，地球星（Planet Earth）提供的菜色更是多到令人咋舌，幾乎每樣東西都可以成為某人或某物的食物。自然界有成千上萬令人驚嘆的故事、策略和反策略，都是繞著對食物的基本需求而轉。

自然界的慧心

有些物種發展出極其特殊的方式，來尋找、捕捉、料理或消化材質、植物或動物，於是活生生的獵物被追逐、尾隨、毒殺、誘捕。蜘蛛在網捕、設陷阱或獵捕獵物的技巧上，高超到令人難以置信的地步。有種蜘蛛甚至把一滴黏稠物質擺在蛛網的短絲上，然後像握著套索的小牛仔一樣，衝著經過的蒼蠅，將套索在頭頂上繞圈子。射水魚（archer fish）等待蒼蠅飛到溪流上方的樹枝，然後以置對方於死地的方式將滿嘴的水射出，把它的大餐打落水裡。蟻獅幼蟲在疏鬆的沙地上挖掘漏斗狀的小窪，然後躺在底部守株待兔，當它們感知到有倒楣的昆蟲在邊緣掙扎，就用力投擲一些沙粒使昆蟲失足滑落，再用強而有力的下頷一把攫住。許多生物一擄獲獵物，就會注射毒液使這些受害者動彈不得，如此就可以吃掉比自己更強大的生物。有一科植物甚至以動物爲食，豬籠草（pitcher plants）引誘昆蟲進入瓶狀的葉子，葉內充滿美味的液體酵素，獵物在其中逐漸被消化、吸收。毛氈苔（sundew）有黏稠的葉子，每當粗心的昆蟲停下來吸吮幾滴誘人的花蜜，這時葉片就會關上，昆蟲則慢慢地被消化。

不同種類的動物用不同的構造和方法達到類似目標。蝴蝶蜜蜂使用長長的吻管吸取深埋花朵的花蜜，蜂鳥和太陽鳥則用細長的喙，犰狳和食蟻獸爲了盡情享用躲在地底那肥滋滋的白蟻或螞蟻，於是演化出用來挖掘的有力爪子，以及軟體動物般又長又黏的舌頭鑽到土墩底下。至於黑猩猩則是用稻草做成的工具（straw tools）捕魚。大象用鼻子搆到高掛樹上的食物，長頸鹿用長脖子，其他生物則藉由攀爬或飛行登高，就連蜘蛛和獅子這兩種不相干的動物，也都是藉由偷竊、尾隨獵物或者突襲來獵食，其他像獵豹和獵鷹則憑藉短程衝刺，或者就像土狼那樣，在追逐過程中展現不可思議的耐受力，也許是經由視覺、聽覺、嗅覺、震動或回音定位，而尋獲獵物的所在位置。

另一方面，許多動植物也採取同樣靈巧的手段，防止自己被吃掉。不同種的昆蟲經過演化，變得形似樹幹、枯葉、花朵、枝椏等，岡貝有一種毛蟲看來就跟鳥屎一模一樣。

石蛾的幼蟲會製作小型管殼以便居住其中，之後再黏上周遭植被的碎屑來僞裝。蝗蟷科蜘蛛運用相同技巧假扮成上了絞鍊的活蓋，將洞穴的入口關上。有些昆蟲色彩斑斕，可一吃到肚裡卻令人作嘔，只要嚐過那麼一次，原本想大快朵頤的食客就會永遠謝絕它們的同類。其他還有些昆蟲滋味鮮美，卻演化成極度類似令人厭惡的蟲子，因而逃過一劫！

許多較大的草食類動物以點狀和條狀裝扮自己，這些斑點和條紋模糊了它們的輪廓，使它們難以被察覺。章魚甚至改變顏色以融入周遭環境。豪豬、刺蝟、河豚、海膽、毛毛蟲等生物，以脊椎、刺、羽毛管或螯毛保護自己。其它諸如陸龜和海龜、犰狳和無數昆蟲等，則在體外發展出堅固的鎧甲。有些生物發展出毒物，像蛇就是從牙齒施放，雞心螺和石頭魚則是尖刺，雖然這些毒物和尖刺的主要用途是使獵物無法動彈，但對驅逐可能的捕食者也極度有效，至於魟魚、電鰻等施放的電擊也是同樣道理。

植物有一百多種方法來保護自己及其種子，有用棘和刺，也有用使動物發癢的尖刺毛髮、腐臭的毒素和堅硬外殼。然而，許多植物生來就是要被吃的，例如多汁水果就被創造成高品質的食物，如此以水果爲生的動物就會很樂意傳播種子，把種子裝在它們的肚子裡帶著跑，最終排泄到某處。有些種子要等通過動物的胃和內臟才會發芽，許多植物發展出誘人的香氣，來吸引昆蟲、特定鳥類甚至某種蝙蝠大肆品嚐花中暗藏的甜甜花蜜，這些老饕將花粉從一株植物或樹傳播到另一株，也因此在物種繁殖上扮演極重要的角色。

內臟和消化系統已經能適應各種性質的食物，像是堅韌、富含纖維的蔬果、充滿毒素或覆滿針狀突起物的葉子、腐屍、骨頭等等。大小與力量不一的下頷與牙齒，讓動物得以碾、撕或咀嚼任何大自然爲他們準備的菜餚。鳥類具備各種神奇的喙，每種喙是用來處理這種鳥天生要吃的食物，土狼擁有強有力的牙齒與下頷，才有辦法碾碎並消化大骨，甚至從遠古時代的鳥獸屍體身上萃取出養分。

一般而言，動物只能吃生來要吃的東西。長頸鹿不能靠吃肉爲生，一如老鷹吃樹葉也活不了。許多物種的口味非常挑剔，例如無尾熊非吃尤加利樹葉不可，大貓熊不能沒有竹子，蛛蜂的幼蟲只有在被餵食特定蜘蛛或毛蟲的麻痺屍體才能存活，其他生物的口味比較普通，很多屬於動植物都吃的雜食動物。

因此在演化過程中，動物有多需要取得夠多正確的食物，相當程度決定了他們的構造和行爲，而食物在我們自己的物種演化中扮演的重要角色幾乎不容置疑，包括食物的取得、食物的料理和耗用，人類一如許多靈長類的親戚也屬雜食性，與人類基因只相差百分之一的黑猩猩也是，許多人對黑猩猩的飲食感興趣，是希望它讓我們洞悉石器時代老祖宗的食物偏好，黑猩猩以水果爲主食，因爲他們的嘴唇細長靈活，臉頰內有特殊的隆起線，幫助吸吮並擠出食物的汁液，但他們也吃葉子、花朵和莖，以及葉芽、種子與富含植物性蛋白質的堅果。他們也享用動物性蛋白質，在一年的特定期間攝取大量以螞蟻、白蟻和毛蟲爲主的昆蟲，並在一年當中的某幾段時間，獵取中、小型的哺乳類動物，這些動物的肉大約構成牠們在岡貝一整年的百分之二飲食。

工具的利用與狩獵

對路易斯・理基（Louis Leakey）這些對人類演化感興趣的人類學家來說，我於六〇年代初在岡貝所做最有意義的觀察，就是首次有黑猩猩使用工具和狩獵行爲的紀錄。我永遠記得頭一回目睹一頭黑猩猩使用工具的情形，當時我在經過令人沮喪的早晨後，拖著蹣跚的步履走過一處潮濕的植被，沮喪的原因是黑猩猩多半還很害羞，一見我就逃之夭夭。突然我看到一個黑色形體，正蹲在一處白蟻蟻丘旁，我從葉片的間隙窺見那是「灰鬍大衛」(David Greybeard)，這隻公猩猩對我這隻怪異的白猩猩的恐懼正逐漸消失中。我見他拿起一根草莖往蟻丘裡捅，過了一會，再把覆蓋白蟻的草莖拉出來，用嘴唇吃掉上面的一隻隻白蟻，我看見他的下頜動呀動，發出喀吱喀吱的聲音。我竟然看見一隻野生黑猩猩在使用工具哩！

那是多令人興奮的觀察，以致在那之後我以爲自己一定是在做白日夢。但是，幾天後我看見「灰鬍大衛」和他的朋友「歌利亞」(Goliath)用草莖大口享用白蟻，又看見大衛從附近的矮樹叢折了一枝有葉子的樹莖再把葉子拔掉，換言之，他把某個物體修改成他要的樣子。我不僅觀察到一隻野生黑猩猩使用工具，也親眼看到黑猩猩在製作工具！以前的科學家認爲只有人類懂得使用並製作工具，而這種看法，也是人類有別於動物界中其他成員的最大標準，「人類懂得製造工具」，是當時人類學教科書描述的我們，於是我發一封電報給理基。「嗯，」他回答。「現在我們得重新定義人類，重新定義工具，或者乾脆接受黑猩猩就是人類！」在那之後，我還觀察到一隻黑猩猩用削去外皮的長棍享用行軍蟻，利用咀嚼過的樹葉吸取空心樹幹中的水，也見過他們基於各種目的而使用各種物體，而多數都跟取得食物有關。

提供我黑猩猩有時吃肉的第一個線索是「灰鬍大衛」，在我的研究之前，一般都認為黑猩猩是素食者，就在那第一次，我看見大衛在吃一頭小灌木豬，他把肉分給一隻坐在附近、正苦苦哀求的老母猩猩，她的一個孩子因為分不到兄姊的食物，不斷伸出手去抓地上的碎屑，她每次都被火冒三丈的成豬突襲，而一面驚聲尖叫地被迫竄逃回樹上。幾個禮拜後，我竟然看見他們獵食成功，有一小群紅色的非洲長尾猴，在一棵高聳入雲的樹頂藏身，這是個錯誤，因為在類似狀況下，他們相對容易被捕捉，幾隻公的成年公黑猩猩在四周的樹枝上佔據為王，有效截斷猴子的逃生路線，有隻年輕的公猩猩沿著樹幹緩緩往上爬，接著跳向一隻母猴，母猴胸前「掛」了一隻小嬰兒，年輕公猩猩一把抓住小嬰兒，帶著獵物一溜煙跑掉了，其中一隻成年公黑猩猩從年輕公猩猩手裡一把抓來這隻被殺死的獵物，三隻雄壯的公猩猩就在一陣你一言、我一語的嘈雜興奮中，以迅雷不及掩耳的速度將屍體撕成碎片，年輕的狩獵者於是加入母猩猩們，開始乞討起殘羹碎屑來。

這些年來，我們觀察到許多在狩獵過程中頗為微妙的合作關係，也看到許多分享食物的例子，現在我們知道黑猩猩在他們分佈的非洲各地獵取肉類，至少在他們被研究的所有地方都是如此。

人類演化的一道新光芒

路易斯要我去了解野外的黑猩猩，希望使他對人類與黑猩猩最早祖先的行為，產生有別於以往的洞見。他說，如果現代黑猩猩和現代人類的行為間有相似點，那麼這些行為可能是類猿類生物的部分本能。具備人科動物特性的類猿類生物是人類和黑猩猩的共同祖宗，大約活在七百萬年前。若是如此，那這些行為八成也就被史前人類承接下來。

從在岡貝的觀察可知，史前人類首次為肉類狩獵，並使用樹葉和棍子製成的原始工具，時間比最早的槌石和手斧還要早很多。我喜歡想像這群最早的祖先們親吻、擁抱並握手，腦海中浮現他們殺死獵物後的興奮，描繪出他們用簡單工具幫助採集和料理食物的景象。路易斯是此類想法的先鋒，他的遠見終於獲得迴響：如今多數教科書在推測人類史前祖先的行為時，會引用黑猩猩的行為。

目前一般公認雖然最早的人類應該會吃一些肉，但肉類在飲食中不太可能扮演主角，植物在過去反而是更重要的糧食來源。凡是直到上一世紀仍以狩獵採集為生的種族皆是如此，除非當一群人搬進一個環境，而這環境在每年至少有部分時間不利植物生長，這時就成了例外。伊努伊特（Inuit）和阿拉斯加的愛斯基摩人就是如此，遷徙到乾旱平原的人也是，然而不管史前祖先吃或不吃什麼，我們大可以假設，覓食以及跟其他史前生物競爭，在人類演化中扮演關鍵角色。先不說別的，正因爲類人猿祖宗們的飲食並不是那麼的特定，他們才能遷離一般公認他們的發源地——森林。

早期人類和許多龐然大物共享非洲大草原，包括體型有如大猩猩的狒狒在內，狒狒間的競爭可能相當激烈，就像今日黑猩猩和狒狒在岡貝的你爭我奪一般，原因是這兩個物種的許多食物雷同。其中之一是如網球大小、外殼相當堅硬的馬錢子（Strychno）果實，狒狒用強有力的牙齒和下頜輕而易舉將這些果實咬開，但黑猩猩就辦不到。不過，黑猩猩倒是學會把果實往大石塊上砸，直接取出果肉來，西非洲的黑猩猩甚至發展出一種「捶子和砧座」的技巧，把硬殼堅果放在大石塊——也就是砧座的底部，再用石塊或桿子敲打，就這麼把硬殼堅果打開。這項創新讓他們取得原本多數生物無法染指的豐富糧源。我們似乎可以合理認爲，史前的人科動物不僅將石塊當做武器，也用它撬開硬殼類果實和堅果。

岡貝的黑猩猩和狒狒都喜歡大啖白蟻。狒狒一如猴子、鳥類等，必須等到工作白蟻把巢穴的門戶洞開，讓負責繁殖的白蟻王子和公主飛出去組成新的殖民地，這時心急如焚的昆蟲愛好者就死命抓起一堆肥滋滋的大型飛蟲。黑猩猩也是如此，然而根據我們所見，即使當白蟻沒有在飛的時候，黑猩猩也可以巧妙使用工具而享用白蟻大餐，也因此擁有狒狒與多數競爭對手所沒有的豐富糧食來源。

令人驚嘆的是，黑猩猩經常偷拿狒狒的肉，這通常是狒狒在搜刮糧食的時候，無意間遇到的幼齒非洲羚羊，儘管公狒狒生了一副像豹那般恐怖的尖牙利齒，而且牙齒的大小幾乎等於公黑猩猩的兩倍。更厲害的還不只這樣，小偷有時是牙齒更小的母猩猩哩，我想這是因爲黑猩猩採取具威脅性的直立姿勢襲擊對手，經常揮舞大棍子，有時丟石塊，還一面發出讓人背脊發涼的怒吼，類似場面很容易使人想像早期的人類是如何不被各方強敵擊敗，隨著腦部日益複雜，逐漸發展出更精細的工具和武器，終究在這未開化的史前世界佔上風。

這群史前人類，或許也藉由觀察其他動物來學習。他們的岩畫當然透露出對周遭野生動物的敏銳觀察，當他們看到被蛇或蜘蛛捕獲的獵物的垂死掙扎，第一個想到的也許是在箭或矛的前端裹上一層毒物。至於第一隻陶壺呢，或許是某個明察秋毫的人類，觀看到蜾蠃以優越的技巧用嘴巴咀嚼泥土，將它做成完美的圓形壺作爲孩子的巢穴，因而製作出來的也說不定。

火——熟食的源頭

跡象顯示，經烹煮的食物出現，或許是影響人類演化的主要力量。這個理論是由理查・藍翰（Richard Wrangham）（曾在岡貝研究黑猩猩的攝食行爲）、大衛・皮爾賓（David Pilbeam）等哈佛科學家團隊提出。藍翰提醒我們，達爾文寫到烹飪是「使堅硬、富含纖維質的根部變得好消化，而有毒的根或香草變得無害」的一種手段，同樣的食物一經烹煮，也可能萃取出更多熱量，藍翰表示，「烹煮」在人類進化成較小的下頷與牙齒、消化道和骨架尺寸變小等方面扮演要角。他並表示愈好消化的食物能提供愈多能量，爲更大的腦部提供所需燃料。

早期人類如何發展出對烹煮過的食物的品味，這點並不難理解。有時狒狒與黑猩猩在叢林大火肆虐過後，會在焦土上進行地毯式搜刮，看來他們對烤焦的昆蟲跟某些食用植物情有獨鍾，再者在火場幾乎一定找得到動物屍體，這些動物被火燒死，或許有部分還被煮熟。旱季的叢林大火經常由閃電引起，隨著人腦日益複雜，或許早期人類還會為了煮食要用的火而助長火焰呢。我還聽說以前有一隻被捕的貓鼬都偏愛吃煮過的肉，會把一塊塊生牛排推到電暖爐邊。

人類文化的曙光

黑猩猩的研究為人類的文化顯露出一線曙光，他們再也不受直覺擺佈，透過觀察、模仿和練習，把資訊從一個世代傳到另一個世代。有時某個個體在偶然的經驗下養成新行為，有時則藉由觀察而後複製，之後這些行為再被其他團體成員養成。雖然趁著腦部最具可塑性的嬰兒時期學習新行為，對他們來說或許容易些，然而他們會在一生中不斷獲得新技能，除非老到罹患失智症！

在所有野生黑猩猩被研究的地方，都有明顯的文化行為跡象。瑪哈爾國家公園（Mahale National Park）位處坦甘依喀湖邊，就在岡貝以南約一百公里處，許多同種的植物和樹木在兩地都找得到。然而，岡貝黑猩猩等不及要吃掉的食物，卻經常被瑪哈爾的黑猩猩忽視，而瑪哈爾黑猩猩視爲佳餚的，也常被岡貝黑猩猩視而不見。我在岡貝見過較年長的家族成員「保護」嬰兒，把不屬於社群正常飲食的食物一把甩開，哪怕這些東西在別的地方都是食物。

即使不同區域的黑猩猩吃相同食物，也可能以不同的方式料理或收集。岡貝的黑猩猩吃水果、樹心、乾掉的雄性花群，以及油堅棕櫚（oil nut palm）的死株。象牙海岸的黑猩猩只吃樹心，幾內亞的黑猩猩用石塊撬開非常堅硬的核，吃其中的核仁，瑪哈爾的黑猩猩則根本不理會油棕。岡貝的黑猩猩用脫去外皮的長棍捕捉矛蟻，將它刺入敞開的巢穴，等棒子上黏滿會咬人的兇狠螞蟻，黑猩猩先把棒子上的螞蟻擼到一隻手，再立刻把滿手的螞蟻嚼碎。象牙海岸的黑猩猩在行進的螞蟻隊伍戳一根短棍子，等到有一兩隻爬上棍子就立刻抽手，再用嘴唇把螞蟻嘬起來，在野生黑猩猩的行爲中，有許多類似的文化差異案例。

因此，黑猩猩顯然是循著文化演進的路子往前走，這也是我們人類在相對短的時間內走了一大段的路。這條路導致不同人類文化的食物產生了如此不可思議的差異，以及我們所發現的上千種料理菜餚的方式。

2 文化的慶賀

食物相當程度是凝聚社會的力量，吃則是和深度的心靈體驗緊密相連。

——彼得・法布（Peter Farb）和喬治・阿爾美拉哥斯（George Armelagos），《消耗的熱情：吃的人類學》（*Consuming Passions: The Anthropology of Eating*）

我認爲，基於居住環境的多樣性與人類文化的多元，難怪會有那麼多不同的東西，被世界上不同地方的不同人吃下肚子。事實上，凡是靈長類可食、能被消化吸收的東西，幾乎全數被納入某些地方的飲食中，某些種族覺得噁心甚至不乾淨的，卻被其他種族視爲佳餚，或者就如古諺說的：某人的肉，卻成了另一人的毒。

人類味覺最初受生長的文化、家庭、時代影響，童年的食物使我們要不就避免某些菜餚（當我們違背自身意志被迫吃它們的時候），不然就是因爲溫馨記憶而吃得很開心。

我在二次大戰期間成長於英格蘭的波茅斯（Bournemouth），使我對罐頭桃子和鳳梨有著某種愛好，當夜間響起震耳警報聲，警告敵軍的轟炸機正在接近中，這時大夥全都爬進防空洞，那是長寬七呎、高五呎的網狀鋼籠，有著堅實的鋼製頂棚，發放給有小孩的家庭，六個大人加兩個孩子得硬塞進這空間，裡面還得存放規定數量的存糧和水，以防萬一被困在炸彈爆炸的瓦礫堆中。存糧包括幾罐桃子和鳳梨的罐頭，那是澳洲的慷慨陌生人寄來的食物包裹。狹隘的空間會讓人產生幽閉空間恐懼症，如果不得不在那裡待兩小時以上等待解除警報，我們就可以打開一罐桃子或鳳梨罐頭——每罐裡頭有好幾塊水果呢。一想到這裡，還是讓我口水直流！

戰爭期間所能得到的雞蛋幾乎都是又乾又硬，是由澳洲同一批慷慨陌生人放在「關懷包裹」（care package）裡寄來的，等戰爭結束，眞正的雞蛋再度現身，我總堅持雞蛋一定要煮到全熟，半生不熟的雞蛋那滑溜的蛋黃和黏稠的蛋白，讓我打從胃裡不舒服。大人告訴我，到朋友家裡作客時，如果人家端上一顆軟趴趴的雞蛋或半熟荷包蛋，我「一定」要吃掉，因爲到別人家作客卻拒絕主人端上的食物，會被認爲是極度失禮的舉動。直到今日，我連看到滾動的蛋液都還覺得噁心，所以兒子小的時候，我強迫自己餵他吃全熟和半熟的雞蛋，如此他就永遠不必吃那種苦頭。我母親對有殼海鮮患有慢性過敏，所以我在成長過程中家裡從沒有類似的食物，想到吃「生蠔」這種菁英分子的奢侈品就令我極度反感，然而人們卻願意為這些可憐東西花大錢。我非菁英社會中人，我在戰亂時期的英格蘭長大時，認識的人當中當然沒有人吃蠔。除非遭到脅迫，我想我也無法吃非洲樹甲蟲那白白胖胖的幼蟲，然而對許多山裡的孩子來說，生呑活剝這些動物才是頂級的珍饈。

早在一九五六年，我在餐廳當服務生賺取到非洲的盤纏時，就學到很多跟食物與吃有關的事。那是一間挺莊重的旅館，就在英格蘭南部海岸，波茅斯的海邊城鎮，人們來到這裡渡一個禮拜的假，所以我們只有等到整整七天過完才拿得到小費，這和進來光吃一頓的餐廳很不同。在我工作的這家旅館，餐食採套餐形式，許多客人一本正經吃著端來的食物（我甚至不記得有主食可選，姑且假設有吧）。我常覺得這些客人正「努力」吃東西，然而他們已經付了錢，說什麼也要吃下去。我要說的是，所有食物都是戰後的小份量，可不是今日你我料想中那種堆疊如山的大份量，因而造成世界各地的菁英社會，有如此駭人的浪費。

人們有辦法替被屠宰動物的幾乎每個部位找到一個用途，這點總令我印象深刻，胃部內膜可以做成洋蔥肚片，消化道則變成貓狗的「點心」，我永遠忘不了煮這道食物給兒時養的貓咪時，那恐怖的氣味。腦部是高檔貨——跟小牛胰臟一樣。我讀過最棒的描述，是在馬喬利・金蘭・勞玲斯（Marjorie Kinnan Rawlings）所著的《鹿苑長春》（*The Yearling*），書裡將烹飪、保存與利用豬隻的每個部分刻畫得淋漓盡致。

另外兩本廣受喜愛的書，分別是貝蒂・史密斯（Betty Smith）的《一棵生長在布魯克林的樹》（*A Tree Grows in Brooklyn*），和法蘭克・麥考特（Frank McCourt）的《安琪拉的灰燼》（*Angela's Ashes*），以及其他許多撰寫在貧困中成長的人的書籍，都生動描述了母親爲了使收支平衡而心力交瘁，讓孩子兜著僅有的一、兩分錢，去買幾棵枯黃的蔬菜或閹牛的眼珠子，要不就是幾根骨頭。這些書還有關於配給制的無數令人心碎的描寫，像是一點麵包碎屑、一碗被稱做「湯」的難聞液體，在納粹主政下，奧許維茲（Auschwitz）等集中營的受害者就是吃這些東西。

不同的地方，不同的食物

許多國家因特殊菜餚知名，部分成爲他們的文化傳承與國家主體性，因此出現如今對不同國籍的人冠上不同標籤的政治不正確作法，像是德國人的酸菜、法國人的青蛙、英國佬則是烤牛肉。某些國家甚至將某種食物當作國家身分的一部分：在威爾斯是蔥韭，坦尚尼亞是一串串大麥的麥穗，紐西蘭是奇異果。即使面對麥當勞、肯德基炸雞和溫蒂漢堡等連鎖店的快速散播，我們還沒有陷入國家食物主體性的危險，觀光客依舊在尋找庶民的食物，而且找到了。

當然，義大利以義大利麵聞名，也許是以條狀的義大利麵居多。（不知道大家記不記得，幾年前英國電視播的一部紀錄片，是關於「義大利麵收成」時期的義大利農婦？她們從低矮的樹叢上把一束束長條義大利麵小心地拉下來，那天是愚人節！）英格蘭以烤牛肉、烤馬鈴薯和約克夏布丁（脆脆的口感）聞名，當然還少不了魚和薯條。戰後的幾年，我經常被招待「pub 午餐」又叫「農夫午餐」，有啤酒、硬麵包、乳酪配醃漬洋蔥。康瓦爾（Cornwall）以菜肉餡餅（Cornish pasty）知名，得文（Devon）則是茶和司康、濃稠的得文夏爾（Devonshire）奶油跟草莓醬，蘇格蘭最有名的是鬆脆餅、黑香腸和羊雜碎布丁。

德國讓人想起蘋果捲心餡餅（Apfel strudel）和德國酸菜配馬鈴薯泥。我早在到匈牙利前，就已經熟悉匈牙利牛肉湯（Hungarian goulash）。法國讓人腦中浮現各種美食，不過也有青蛙腿和螺（snail），當然，我們應該稱爲「食用蝸牛」（escargot）。荷蘭是以煙燻鰻魚薄餅知名，另外還有鴴鳥蛋，這種蛋只有在繁殖季的兩週內才採集得到，之後雌禽再下兩顆蛋，這次就不准碰了。

猶太傳統充滿文化上對食物的兼容並蓄，像是燻魚夾貝果、馬茲球（matzo ball）、猶太餃子（kreplach）、猶太布丁（kugel）和猶太餡餅（knish），以及符合猶太教規對潔淨食物的嚴謹烹飪規範，一切的一切都跟代代相傳的猶太教烹飪法一致。馬茲的源頭可以追溯到出埃及記，他們在倉皇中出走，於是隨手從烤箱抓了還沒發酵的麵包，萬一稍後在旅途中肚子餓，就以一條條淡而無味的麵包果腹，也就是現在所稱的馬茲。

由於數百年來，猶太人在世界各地如此多地方建立了社群，因此他們珍視的傳統在經過一段時間後，往往受到非猶太鄰居的影響。例如摩洛哥的粗燕麥粉就被納入猶太人的菜單中，烏克蘭的羅宋湯也是類似情況，即使馬鈴薯薄餅早就跟阿敍肯那基（Ashkenazic）（譯註：位於中東歐的猶太人）的烹調法產生關連，但是主要原料的馬鈴薯，也是到了十八世紀才在東歐出現。

根據猶太和穆斯林的法律，豬是不乾淨的，絕不能以任何形式吃下肚子，證據顯示這是個蠻聰明的規定。因爲不管是誰訂的規矩，這人想必知道豬有可能染上條蟲（即罹患囊尾蚴病），而烹煮不完全的豬肉可是會致病的。

烏干達（Uganda）以各種香蕉聞名，而且是沾著一種美味的花生醬汁一起食用。在部分的西非和中非，幾乎所有野生動物都被認爲適合做爲食物，我的兒子葛魯伯（Grub）在獅子山國時，曾在他的湯碗裡發現一片蝙蝠翅膀。坦尚尼亞的總統朱利亞斯・尼雷爾（Julius Nyerere）在訪問薩伊（Zaire）（目前是剛果民主共和國〔Democratic Republic of Congo〕）期間，在餐盤裡看見一整隻黑猩猩寶寶的手，簡直害怕到不行，人們告訴他說這是道絕佳美食，而他卻用這頓飯的剩餘時間，試圖把這隻手藏在他的沙拉底下。

一位處在惡劣環境的馬薩伊（Masai）牧人，享用一碗混了血的牛奶，不僅爲了它提供的養分，也因爲這在他的成長過程中就是如此被款待。有回在賽倫蓋蒂（Serengeti），兩位馬薩伊武士給了我跟我的第一任丈夫雨果（Hugo）一些這種「混血牛奶」，那眞是我的恐怖時刻，儘管我沒有乳糖不耐症，但我打從嬰兒以來就討厭喝牛奶，不僅因爲牛奶混了血，他們也告訴我說，這葫蘆製的容器總是用牛尿來沖洗的。我強迫自己啜了一小口，但那多半是做做樣子，我只是用嘴唇碰了一下容器，做出吞嚥的動作，還配上愉快的微笑！

印度人對食物的情感，似乎比多數西方國家要來得深厚。食物在印度各地的文化扮演重要角色，而且總是在喜悅的氣氛下被吃下肚，吃從不曾是哀傷的，可能是慶祝結婚、生子、升官、訂婚、週年紀念日、新工作，甚至是買新車或新房子。然而，印度人在跟親朋好友透露好消息前會發送甜甜的糖果，防止大家的口舌因爲嫉妒而變得尖酸刻薄。

西方世界當然會把印度想成是咖哩之地。咖哩種類之多，每種咖哩都跟著異國風情和讓人垂涎的名字。我最初來到肯亞這個住了很多亞洲印度人的地方時，學會並愛上吃很辣的咖哩。我還記得跟一群年輕人外出吃午餐，每個人都揮汗如雨。「除非腸子不正常，否則每個人都會流汗的。」其中一位宣稱，接著他注意到我一滴汗都沒流，但是卻滿面通紅。（我的腸子一點問題都沒有，多謝關心！）

中國當然以「中國菜」聞名，只是一般中國人吃的，跟西方的中國餐館，以及現代中國專門迎合觀光客的昂貴餐館，端出來的食物幾乎沒有相似點。我愛這種食物，包括在中國，和我在美國各地進行永無止境的巡迴演講期間。

日本以各式各樣麵條餵養她的人民，並用海草做出一應俱全的美食，不過最有名的當屬壽司吧跟各色魚類。日本確實是掏空整個大海的魚類，來滿足子民對鮮魚飢渴的食慾。

美國這國家是由世界各地的移民組成，共同享受歐、亞、非等地的多國料理。路易斯安那（Louisiana）的風味餐中，法國克里歐（Creole）人（譯註：即出生於亞熱帶或熱帶地區的歐裔白人）的影響斑斑可考，從鯰魚燉菜（catfish gumbo）乃至火腿燉飯（jambalaya）都是。在芝加哥我們可以吃到義大利的「深盤比薩」（deep-dish pizza）。此外還有來自南方的非裔美人靈魂食物，像是燕麥片粥、玉米薄煎餅等家常菜。美國西南將德州和墨西哥食物做成美味的混合體，從玉米片（nacho）到乳酪焗墨西哥辣椒（chiles relleno）都是。在西北部，你會發現亞洲移民的傳統與調味，融合傳統當地美國人對海鮮的尊敬。至於在畜牧業爲主的州，則是以各種想得到的方式烹煮牛排，而後以極大的量放在極大的碟子裡盛盤，而其中最大份量的，當然非德州莫屬。

旅途上的餐食

我從一九八六年起，就在演講、飛機和旅館中倉促渡日。當然少不了一群很棒的人。雖然我很少記得我們確實吃下什麼，但我擁有跟世界各地朋友共同用餐的美好記憶。日本的高雅餐廳，在一間間小包廂裡，坐在榻榻米上的小坐墊，愉快的藝伎身穿代表過往日本的美麗和服負責上菜，高檔漆器或瓷盤在眼前排開，用餐過程中一盤接著一盤，每道都以極盡能事地講究，端出一些美味以及對我們西方品味來說，具異國風味的小份量佳餚。此外，取之不盡的熱清酒裝在小磁杯裡飲用，每杯的份量剛好一口。我還記得在臺灣吃到的正式酒席，由穿著傳統服裝的清秀女孩以同樣的莊重上菜。看來美食永遠沒有盡頭，我也學會對每道菜淺嚐即止。吃這種餐食不能急，要品味每一口食物，而如果我們要對供應養分的食物表達敬意，本來就該這麼做的。

我的一些最美好的回憶，是跟一群朋友同在我的旅館房裡用餐，那比普通餐館更隱密也更安靜。有一間叫「羅傑史密斯」（Roger Smith）的旅店著實特別，是我位在紐約市的又一個家。店主人詹姆斯和蘇・二世諾斯（Sue II Knowles）給了我一個房間（作爲對珍古德協會的捐獻），幾乎總是套房，這對「珍友會」（Friens of Jane，簡稱FOJ）的夜間聚會來說再適合不過！大夥圍成一圈席地而坐，中間放著外帶的中國菜或印度菜，在燭光中熟練地操作筷子，報告彼此近況，探討世界問題，飲酒並開懷大笑。

乾杯！乎答拉！

許多國家會跟不同種類的飲料、酒類等連在一塊。英國人喝生的苦啤酒、琴酒加東尼水，還有茶。蘇格蘭人當然是獨霸蘇格蘭威士忌，各家頂級的單一純麥，在英國只知道是威士忌，我們不像美國，會用「Scotch」跟波本酒區別。至於絕妙的愛爾蘭咖啡則非用愛爾蘭威士忌不可。德國人以在啤酒屋（Biergarten）暢飲啤酒聞名，俄羅斯人則是動不動就來杯伏特加，據我所知，早餐時以注入「一劑」（shot）伏特加的小玻璃杯乾杯是家常便飯，伏特加酒上還結了一層霜呢。我在莫斯科開會的最後一天，晚宴主人介紹我認識一種浸泡過紅辣椒的伏特加酒，這是後天養成的嗜好，它來自烏克蘭，在一陣狂野亂舞過後，我跟同桌的烏克蘭人乾掉幾杯這種酒，令他開心不已。歐洲各國有自己的烈酒、洋梨白蘭地（Poirre William）、露酒（aquavit）（我的最愛）等等。

法國將永遠和種類繁多的美酒連在一塊。德國、義大利和西班牙也以酒香聞名，但如今由於其他各國也生產並外銷一些很好的葡萄酒，所以競爭者頗多，美國加州、南非、澳洲、智利、阿根廷、羅馬尼亞和保加利亞等族繁不及備載。英格蘭大致不出家釀酒的範圍，有時是用蒲公英等植物調製而成，以前每到耶誕節，祖母就會製作接骨木果酒，我到一位兒時朋友家過夜時從來沒辦法泡澡，因爲她先生老是把酒放在浴缸裡發酵！

日本以米酒又名清酒聞名。頭一回喝我覺得很反胃，喝了好幾次才品嚐出箇中滋味，現在我確實懂得欣賞熱呼呼的高檔清酒，一些時髦餐廳還把清酒倒在木盒裡供人飲用呢！

非洲各地將各種成份發酵製成會醉人的飲品。我頭一回造訪非洲時，住在一位同學那兒，基庫尤（Kikuyu）的年輕男子過去是將某一種穀類發酵來釀造小米酒（pombe），現在這種行爲是被嚴格禁止的，所以他們就把瓶瓶罐罐藏在馬廄的稻草堆裡，這麼一來產生了熱，導致酒瓶有時會爆炸，聽起來活像槍戰駁火般，我總擔心馬兒被玻璃碎片波及，還好我從沒聽說有發生過類似問題。

「棕櫚酒」在西非和中非的許多地方是首選飲品，當我造訪剛果布拉薩維爾（Congo-Brazzaville）（譯註：剛果共和國的首都）黑猩猩自然保護區外圍的村莊時，受邀在喝棕櫚酒前，與酋長等高官顯要一同先將幾滴棕櫚酒灑在地上，這酒是獻給大地之母，感謝她賜予的豐收。我曾在厄瓜多雨林中心的荒僻村莊，跟一群臉蛋上了油彩的阿卡瓦印地奧人（Achwa Indios），分享裝在木碗裡在當地釀造、有點醉人的酒，另外我在臺灣跟一群努力重新探索失落文化的高山原住民也有類似經歷。

印度、中國和日本以難以盡數的各種茶類最爲人所知。日本的茶道儀式在靈性方面別具意義。記得有回到日本，我爬過一個小小的入口，來到一間內室（不能帶劍進入，每個人都要跪在地上前進，顯示人皆平等），我在那裡喝到味苦的鮮綠抹茶、濃稠的豌豆湯，而且是都由大師本人親自送上的。

非洲和中南美洲以各種最美味的羅巴斯塔（Robusta）咖啡聞名，愈來愈多國家的菁英分子喝這種咖啡。既濃且苦的土耳其咖啡，是裝在沒有握把的小杯裡飲用。至於最先推出濃縮咖啡（espresso）的究竟是義大利還是法國，關於這點還有些爭議。

街上的食物

多數國家至今仍有路邊攤提供各色當地食物，這些小攤販佔用人行道，利用滿載的腳踏車做起生意來，熱狗、冰淇淋、剛用碳火烤好的木籤肉串、五花八門的水果切成方便入口的大小。年輕人抱著一疊五、六個的小杯子，杯子碰撞製造出特殊音效，宣傳他們壺裡裝的是熱咖啡。烤栗子和又甜又燙的熱紅酒（mulled wine），在德國、澳洲、匈牙利等歐洲耶誕集市冷颼颼的日子特別受到歡迎。當然，任何人也可以在世界各地的集市，找到當地特有的食物和工藝品。

吃黏土人

黑猩猩幾乎每天都會弄破白蟻用黏土做成的窩，一小片、一小片地吃下肚。住在岡貝外圍村落的懷孕婦女，會從集市買來黏土碎片，我發現非洲其他地區的婦女也會。令我高興的是，我讀到一篇文章，敘述「黏土壤」（clay dirt）這種細顆粒的下層土，是如何被美國深南區好幾世代的窮苦白人和黑人吃下肚，黏土壤或多或少成爲鄉村孕婦的主食。

人類學家丹尼斯・法瑞特（Dennis A. Frate）博士研究這種奇怪的行爲。雖然目前已經幾乎絕跡，但他找到幾個人還有兒時吃黏土壤的記憶，其中一位是來自密西西比州的芬妮・葛拉斯（Fannie Glass），她說她眞的很懷念有土可吃的日子。「在我來說，那總是如此美味，」她說。「只要是從對的地方挖出來的土，就會有種順口的酸味。」

一九七一年，密西西比州位於窮鄉僻壤的郡中，凡接受調查的婦女有過半數表示曾吃過黏土壤，但是到了一九八四年時，在法瑞特追蹤的十人當中，卻只有一人還保有這習俗，她是來自路易斯安那州的艾瑞絲・康諾許（Iris Cornish），她說這年頭好的泥土很難找到，因爲很多好地方已經被水泥和大樓覆蓋。她回想小時候到外婆家吃泥巴的情形：「我跟阿姨和一位表弟坐在外婆家的門廊上，大夥分吃泥巴。大約一杯的量。」他們把黏土裝在袋子或壺裡帶走當點心吃，有時「烤它以殺死蠕蟲」，要不就是用醋跟鹽巴調味，家人過去會寄一盒盒黏土給親戚，儘管他們搬到北方，但對家鄉黏土丘的滋味仍念念不忘。

早在羅馬時代就有所謂的食土癖（Geophagy），當時的藥片就是用土和羊血做成，十九世紀的德國人，曾把土塗抹在麵包上。

最近，人們採集三個地區的樣本來分析。中國湖南省的細顆粒輕質土，在五〇年代被用來作爲「飢荒的糧食」，被發現富含鐵、鈣、鎂、錳和鉀。來自北卡羅萊納州史托克斯郡（Stokes County）的軟質黏土則有豐富的鐵和碘，這兩種營養素在貧民的飲食中往往付之闕如，來自尚比亞（Zambia）白蟻丘的紅土，被當地人用來舒緩胃痛，這種土裡含有高嶺石（譯註：爲高嶺土的主要成分），也是西藥中許多腹瀉藥物的主要成分。

手指、叉子和筷子

人類進食行爲的演化中，首選工具當然是手指。世界各地有上百萬人還用這方法把食物送進嘴裡。我在坦尚尼亞的許多非洲和印度人家中，看見人們用手指和大拇指將米飯跟蔬菜兜攏在一起、沾上醬汁後送進嘴裡的優美動作，眞令我佩服不已，我也可以有樣學樣，但我自知距熟練還差一大截，遑論優雅。西方人很少被准許使用手指，用最合理方式吃東西的小孩子，是多麼快就學會用湯匙和叉子來代替手指了。但我們倒是可以用手指吃朝鮮薊，在英國，我們被告知可以比照在「可愛的英格蘭」（Merrie Englande）（譯註：傳統對英格蘭的稱呼），用由來已久的方式拔除雞骨頭，哪怕是在女王面前！

不過，習俗多半要求我們使用刀、叉和匙，在高雅的晚宴派對或是酒席上，每位客人面前的所有刀具一字排開，陣仗可謂嚇人。關於不熟悉社交禮儀的人，首次在面對講究禮數的餐桌時感受到的驚慌失措，已經有很多文章多所著墨，老天吶，到底每道菜用哪隻刀叉呀？從湯、開胃酒、魚、前菜、甜點、餐後消化菜、最後是乳酪和咖啡，讓人應接不暇。禮節至上。再想像一下：一位年長的紳士，無懈可擊地穿著厚重的天鵝絨外套，正襟危坐在專屬上流社會的餐廳裡，餐桌上擺著合宜的花飾，於是他點了一套五道菜的餐食(並且獨自享用)，但順序竟然是錯的！一開始是白蘭地和雪茄，最後以湯結束，還和著雪利酒囫圇下肚！這下子在場每個人紛紛用眼睛偷瞄，要不索性大剌剌盯著瞧。我猜他是爲了跟人打賭才會這麼做的！

再說到筷子的藝術。這種被日本人喜好、一頭尖尖的精緻東西，讓你靈巧地挾起一粒粒米，至於中國人和其他亞洲地區的人，則偏好前端較圓的筷子。我挺幸運的，我父親在二次大戰期間待過香港，帶給我跟妹妹一雙象牙筷子，他示範筷子的用法，之後幾年我幾乎每餐飯都迫不及待把新發現的技能派上用場，即使根本不適合。當我於一九八四年首度受邀到日本演講時，確實讓伊谷純一郎 (Junichiro Itani) 博士大開眼界，他驕傲地把他這年輕英國朋友的本事向大家炫耀，不過，我猜他是對我稀哩呼嚕喝麵湯的本事比較有印象吧，喝湯時稀稀簌簌在英國被視爲極度失禮的行爲，純一郎說，就算曉得這在日本社會是相當合乎禮節的，然而多數英國人就是無法克服這個禁忌。我必須承認，我從來沒辦法發出在亞洲和非洲社會被視爲有禮貌的飽嗝聲。

慶祝和饗宴

世界各地的重大節日都以饗宴來慶祝，消耗大量食物，有時也包括酒精在內。羅馬帝國時期富裕人家的饗宴可是極盡豪奢之能事，就拿凱薩大帝來說，他爲了慶祝攻下龐貝城，而舉行兩天兩夜的慶功宴，請來十五萬名賓客，席開兩萬兩千桌！典型的羅馬「辦桌」，將暴飲暴食帶進全新的層次，餐食共七道菜，首先是冷盤，接著是三道前菜、兩道燒烤，然後是甜點。羅馬人對宴飲作樂之喜愛，以致經常對自己催吐，以便在五小時的「接力賽」中不停地大吃大喝。據了解，法國人在特殊慶祝期間也是如此。

蘇格蘭以熱鬧滾滾的方式慶祝新年，雀躍地唱過《驪歌》後，接著爲新年舉杯慶祝，在十二點的最後一聲鐘響漸漸變弱，全體舉杯一飲而盡，然後從肩膀後用力一扔，杯子應聲而碎。我頭一回到幾位希臘朋友的家中參加生日派對時簡直嚇壞了，隨著幾杯黃湯下肚、舞跳得愈來愈起勁，賓客開始將盤子用力朝地上摔，一個接一個摔碎，還一面繼續狂舞，而且是光腳！

在古老的斯堪地那維亞，每年冬天會舉行盛大的耶誕大餐向佛瑞神（Frey）致敬，這時會吃野豬肉，野豬頭上套著月桂葉和迷迭香製作的花環，在隆重的典禮和莊嚴肅穆中被帶進宴會廳，一家之長把手放在盤子上，這隻贖罪的野豬就被刺了放在上頭，家長發誓會忠於家族並履行所有義務。只有品行高潔、勇氣通過考驗的人才可以負責切肉，因爲野豬頭是神聖的象徵，應該是要鼓勵所有心存恐懼的人。希望婚姻圓滿的夫妻便祈求佛瑞保佑，如果成功就公開獲得一塊野豬肉作爲禮物。

難忘的幾餐飯

我小的時候，在沒有戰亂的那幾年的每個夏天，母親最要好的朋友戴芬妮（Daphne）就會帶著兩個女兒沙莉和蘇西，到我們位在波茅斯的家小住。我跟沙莉在計畫第一場午夜饗宴時才約莫十歲（蘇西跟我妹妹茱蒂比我小四歲），規定蠻嚴的：一定要在剛好午夜時開始，我們必須從屋子偷溜到花園，食物一定要是我們在前一、兩天設法省下的。一到花園，我們就直奔小營帳，營帳四周有濃密的杜鵑花叢爲屏障，兩人七手八腳將之前準備的一小堆營火點燃，我們一律挑選在有月光的晚上，並且限制使用手電筒。

食物本身幾乎大多不能吃。幾片嚼起來有點像皮革的乾土司、放在紙袋裡偷渡出去的碎蛋糕切片（那年頭沒有塑膠袋），我們用舊的錫筒製造並收集小小塊的違禁品，那是我們在白天時藏匿起來的。最精彩的部分，是我們用微弱的火煮水所泡成的可可，先把可可粉跟一點牛奶和糖混合，到了花園後，只要把水倒進錫杯即可。

我不曉得大人們知不知道這些饗宴。我想他們一定曉得，只是從不說罷了，之後我也忘了問。現在已經來不及問。

我還清楚記得母親凡安（Vanne）在一九六〇年的耶誕節前夕離開岡貝，我心想她跟我家的廚子多米尼克，一定會花好幾小時計畫我的耶誕大餐，耶誕節那天，我一如往常上山，我從不帶食物去，而經過一整天在森林裡到處攀爬，我飢腸轆轆地下山，渴望坐在小小的營火旁，打開媽咪留下的幾個禮物，和我刻意省下來慢慢閱讀的信件。我也想知道，究竟他們計畫了哪些美食。

夜幕才剛低垂我就回到營帳，這時我立刻嗅到不對勁，因爲營帳裡一片漆黑。沒有生火。帳棚入口處也沒有防風燈的光。我放下帆布背包，點著了燈，滑了根火柴放在火堆上，我這才看見餐桌擺著我的耶誕大餐：一個盤子，刀叉擺得歪七扭八，一罐鹹牛肉罐頭旁放著一個開罐器跟一個馬克杯。就這樣！

我找不到多米尼克。原來那天有位朋友帶著兩大桶用香蕉釀的含酒精飲料前來，多米尼克整個下午都在喝那東西。他在他的營帳裡呼呼大睡，不省人事！

我洗完手，從錫筒裡找到一條麵包跟幾顆蕃茄（爲了防止狒狒，所有東西都放在裡面），把椅子拉到火堆旁，我看著盤子大笑起來，我笑個不停，淚水從兩頰傾洩而下。我多高興自己對吃並不在意！（第二天晚上，凡安為我精心製作餐食，餐桌擺上了花，並由那位深切懺悔的廚子〔他還在宿醉〕把食物端上桌。）

我也記得很清楚，北美洲野生攝影大師湯姆·孟格爾頌（Tom Mangelsen）準備的野餐。他住在懷俄明州傑克遜洞（Jackson Hole）附近，我到那裡是去演講的。當我告訴他說，我總算可以忙裡偷閒個一天，於是他提議帶我首度造訪黃石國家公園。

我們找到一處用餐地點，就在一片綠草如茵、能眺望水域的空地上，這時湯姆拿出先前準備的午餐。真是美妙的一次野餐！他竟然找到一只用柳條編織的正統野餐籃，籃子裡有翠綠的沙拉、蕃茄、酪梨、硬麵包、幾種乳酪、桃子和紅酒，全攤在草地的格紋桌布上，野餐中有隻不怕生的大銀鷗來作伴，它顯然是自認為應該分享我們的食物，於是步步進逼，一面用責怪的眼神盯著我們。搞不好也有熊在「熊視眈眈」呢。

食物跟宗教傳統

聖經將以色列形容成「流著奶與蜜的土地」，於是有了猶太信仰特有的大量古代食物儀式。在猶太新年（Rosh Hashanah）的第一個夜晚，蜂蜜被用來幫哈拉麵包（challah bread）增添甜味，或者用來沾蘋果吃，在禱告時則用蜂蜜請求上帝賜予甜美的一年。第二個晚上，大夥吃一種這季還沒吃到的水果，通常是石榴，以感激大地賜予豐收，而且有幸活著分享這頓餐宴。根據西班牙、葡萄牙等地猶太人的傳統說法，石榴生出六百一十三顆種子，每顆代表一項自古以來猶太人就被規定要遵守的善行或戒律。

世界各地的許多基督慶典中，也可以見到食物和信仰的結合。最知名的要屬聖餐（Holy Communion）儀式，對各地的基督徒來說，這象徵著最後的晚餐，所有門徒和耶穌圍坐在桌前，耶穌掰開麵包給十二門徒的每一位，說道：「這是我的身體，爲你們捨的，」然後給每人一些紅酒，「這是我爲你們流的血，」然後吩咐他們，「以後你們要這麼做，來紀念我的愛。」於是，麵包跟紅酒在古巴勒斯坦的平民飲食中成爲不可或缺的食物，因而被儀式廣泛使用，也因此麵包和紅酒轉變成聖餐中聖禮的主人，象徵性地代表或「主持」基督的身體和血液。世界上的許多地方，用當地食物取代麵包和紅酒來製作聖餅，像在中非洲就是使用蕃薯跟蜂蜜。

穆斯林的拉瑪丹（Ramadan）齋戒爲期一個月，這段期間凡是年滿十二歲的人，在日出到日落期間都不該吃喝任何東西。在施行日光節約的期間，有多餘時間可用來禱告、禮拜跟沈思可蘭經。坦尚尼亞有三分之一人口屬穆斯林，在拉瑪丹的齋戒期間，白天瀰漫著一種斯多葛的氛圍，等太陽一下山卻是另一番光景，這時街上洋溢一片歡欣，燈火通明的餐廳和撲鼻的香氣從各家廚房飄送到暗夜。拉瑪丹到了尾聲，是爲期三天宴飲慶祝的解除齋戒（Eid Mubarak）饗宴。

八成的印度人口信仰印度教，食物對許多宗教儀式來說都是主角，印度家庭隨處可見象徵豐收的吉祥物，以討好神明賜予他們豐衣足食的生活，取用不盡的香蕉、椰子、芒果和米飯等，代表著大自然的恩賜，也常被用在結婚和孩子出生等代表人類生生不息的儀式上。

印度儀式是以「犧牲」食物而非動物向善神致敬或安撫惡神，味道濃郁、經常充當藥品的棕櫚糖，往往被用來表達對女神 Santoshi 的崇敬，而爲了安撫不幸的女神 Alakshmi，印度人把檸檬和辣椒放在自家門外，希望滿足她來者不善的飢餓，防止她把疾病帶進他們的家。古印度教徒相信人死時靈魂會脫離軀體來到月球，之後化爲雨返回地球，將自己具現成爲食物，也就證實生者靠死者爲生的信仰爲眞。重複第一章開頭的印度教奧義書：「宇宙中，不是吃就是被吃。一切終究是食物。」

捨身水牛的故事

以下故事是我朋友黑暗之鷹（Shadowhawk）告訴我的，他是內華達河谷瓦肖（Washo）印地安族的一員，也是很特別的一位年輕人的父親。

「瓦肖族人的大半輩子，都離不開所謂『捨身』，也就是一切生命的行爲準則。舉凡兩隻腳的、四隻腳的、天上飛的、海裡游的都知道，若想被置於中心，一定要參與『捨身』，宇宙的萬事萬物，都以某種方式實踐『捨身』的概念，『給予』的精神對美國原住民來說非常重要，我們相信『少了犧牲，就稱不上眞正愛的表現。』我們給朋友、給親戚，甚至給素未謀面的人，我們因爲許多理由而給，如果我們心情愉悅或心存感激，或者如果某人有需要，我們就會給。我們藉由餽贈禮物來表達感謝，或企圖將好心情傳給他人。

「這就是『捨身水牛』的故事。事情發生在三年前，就在俄勒岡州西北部大隆德（Grand Ronde）印地安保留區內。當時正是春分日，是一年當中部族齊聚參與薛安（Cheyenne）、拉科他（Lakota）等平地印地安人最神聖的祭典——也就是日舞（Sundance）——的時候。對許多美國原住民來說，這是新年的開始。

「日舞是爲期十二天的祭祀、淨化和重生的典禮，舞者四天不吃不喝，從日出跳舞直到日落，鼓手吟頌古老的禱告文，家人朋友在涼亭觀看（並起舞），在他們跳舞前，舞者和禮儀侍從得經過四天淨化。日舞的最後一天是穿刺日，日舞舞者的胸部被刺並以皮繩綁起，然後固定在聖樹的上部，這麼做是因爲造物者療癒某位朋友或心愛的人，或保佑明年大夥糧食不虞匱乏，因而做出的獻祭。

「日舞結束後是盛大的捨身與精彩饗宴，有各種好東西供人食用。日舞的特殊食物之一是坦卡（Taanka），亦即水牛，造物者將聖牛賜予人民，爲各個部落聯盟注入生命。那是他們的食、他們的衣、他們的藥、他們的暫歇之所、他們的工具等等。接著我就要回頭來說說捨身水牛的故事。

「我受邀到大隆德參加一場水牛儀式，每年會有一個部族或是部族中的某位成員捐出肉和食物給日舞，這次我的一位拉科他朋友獲得這份殊榮，他在大隆德保護區養了一群水牛，水牛的儀式是要求聖牛捨身給人們，如果你從沒見過，你對我即將告訴你的將會很難以置信。

「舉行儀式的那天早上，我問大兒子瓦肖（Washo）（以我們的部族爲名）想不想跟我一同前往。他是個愛動物更勝一切的年輕人，我知道要他觀看會很困難，但我希望他親眼見識即將發生的事，讓他了解水牛跟其他動物都知道死亡不足以畏懼，死亡並非終點，而是生命的開始。

「他似乎有點擔心，但是因爲想跟我在一起，於是便同意一道前往。我們趕在日出前，一大早就來到大隆德山谷，那是個美麗的星期六早晨，天空湛藍，太陽穿過山丘的邊緣。一隻鷹飛過上空，這時我們來到一條泥土路的盡頭，這條路通到草原盡頭的深山谷。那裡已經聚集許多男女和兒童，他們以十二人爲一列，全都面向東方，他們在那裡是爲了吟唱讚美歌，爲即將捨身的水牛唱的訣別感恩歌。

「一位名叫蘇卡瓦卡・路塔（Sukawaka Luta）（紅馬）的拉科他藥師，跟一群老人站在平原上，現在太陽已經升到山頂之上，山谷裡的群眾開始歌唱，歌聲在早晨的空氣中迴盪，從丘頂形成回音，彷彿就是空谷跫音。聲音似乎從四面八方而來，他們唱了一會兒，而後十二個人朝另外四個方向齊唱，唱到四個方向都唱過，之後再次開始。他們一面唱，水牛群就開始從牧草地的各方進來，在老人和路塔面前形成半圓形，人們唱歌的時候，水牛就這麼站著。

「早晨的陽光溫暖了瓦肖，他一面用眼看、一面用耳聽。他看見路塔的右手拿著一根祈禱棒，另一手拿著一隻來福槍。他知道要眼巴巴望著動物死掉會是困難的，因爲一切眾生都是他的家人朋友，都有恐懼和情感，當時他才十一歲，我不太確定這對他會有什麼影響。雖然我不希望他經歷水牛的死亡，但我要他親眼目睹捨身的奇蹟，這些人不是在獵捕水牛，他們不會帶走任一隻水牛，也不會去抓一隻回來，他們等待哪隻水牛獻出自己作爲禮物，就像人類奉獻生命，將自己獻給造物主一樣。

「突然間歌唱停止，山谷陷入一片死寂，路塔舉起祈禱棒，要求輪到的水牛走出來。這時有一隻體型碩大的年輕公牛開始走向路塔，他一面祈禱，這隻公牛慢慢走過眾位長者，朝著藥師直直走去。路塔將祈禱棒交給其中一名長者，伸出他的右手接受水牛獻祭，自願捨身的水牛會將頭放在藥師手上，之後將頭垂下等死，但是就在這隻年輕公牛把頭放在路塔手上時，一隻較年長、體型更大的公牛卻從牛群中跑出來，到這隻年輕公牛的面前將牠推開，然後把自己的頭放在路塔手上，幾隻牛過來，他們把年輕公牛團團圍住，好像在阻止的樣子。

「這是相當不可思議的景象。再也沒有比『捨身爲人』（在這個例子中，是動物）

更偉大的愛了，我不確定那天早上究竟是瓦肖還是我學到的最多，但我抱著更加感恩的心離去，感謝這一生中所有爲我犧牲、鼓勵我更不吝於奉獻自己的眾生。」

3 現代農耕如何毒害我們

破壞土壤的國家，無異是自殘。

——法蘭克林・羅斯福（Franklin D. Roosevelt）

我從十五歲起到十八歲離開學校，每次都會利用放假的部分時間到騎馬老師的農場裡幫忙。我還記得其中一項任務是「施放糞肥」，我站在堆滿堆肥的曳引機上，當曳引機在犁好的田地開上開下時，就把一剷又一剷的肥料拋出去，有時我被允許駕駛曳引機以爲獎勵，我們當時正準備在那片田地上種馬鈴薯。我也會在收成的時候幫著挑馬鈴薯，那是令人腰酸背痛的工作，必須緊緊跟隨一種用來鬆土的特殊挖土機，它先將馬鈴薯推到地表面，我們再把馬鈴薯放進袋子，沒有損傷的馬鈴薯進入一袋，受傷的則到另一袋。有些馬鈴薯長了蟲，沒關係，就連同被挖土機損傷的一起送到薯片工廠，這些全是純淨的有機馬鈴薯，來自富饒的土壤，使用牛馬糞便爲肥料，以開滿野花，蜜蜂蝴蝶飛舞的灌木爲籬。

當傳統農法和土地的使用被工業形式的農企業(agribusiness)（譯註：根據農委會農糧署的翻譯）取代時，以上一切都改變了。

典型工業農耕的麻煩在於會傷害農地本身，以往農夫會採取作物和家畜的輪替，動輒休耕一年左右。在這種思維下，土地幾百年來依舊是肥沃的，但是當農企業介入而一舉接收，利用常識的土地管理就被拋到九霄雲外。大公司對短期的立即獲利感興趣，對未來子孫漠不關心，世界各地有更多、更多的土地，因爲吸入過多化學肥料而逐漸死亡，更別說還有化學殺蟲劑、除草劑和殺眞菌劑了。

用化學維生

第一次偏離常識農耕是在二次大戰後，當時提出單一耕作的概念，就是在一英畝接著一英畝的土地上種植同種作物，而且往往經年累月都是同一片農地。雖然用這種方式賺錢看似方便，因爲它縮減耕作和收成所需的機具種類與化學補給品的型態，但也很快就製造層出不窮的問題。單一耕作相當於把所有雞蛋放在同個籃子裡，如果農夫因爲病蟲害或天候惡劣而失去唯一作物，那他可就有得瞧了，以往會有另一種作物防止他的經濟陷入困頓，所以現代農夫自然就會想方設法，讓唯一的農作物活下去。他對土壤施加化學肥料（很多都含有鉛、砷，有時含汞，經常是透過污水和淤泥的肥料帶進來），並且對著農作物噴灑化學殺蟲劑，吃那種作物的昆蟲於是開始對化學物質產生抗藥性，這下子農民就得噴灑更多殺蟲劑，並把更多肥料澆在土地上。膽敢表達主張、過去盛行制度的少數殘存者被當作競爭對手看待，他們被貼上「雜草」的標籤，被化學除草劑一舉殲滅。

最後，土地的養分枯竭，農民的整個生態系統必須仰賴化學的維生系統。那是令人害怕壓力又大的農耕形式。或許這也是從一九九八年以來，農民的自殺事件大幅竄升的原因（至少是部分原因），英美兩國農民的自殺比率是其他人口的兩倍，在化學農耕到來之前，美國農民的非自然死亡以「農地意外」爲主因，如今的自殺比率至少多了五倍。九〇年代末，印度出現大規模的作物損傷，上千農民自殺，其中許多人就是吞下他們省吃儉用買來的殺蟲劑，然而這些殺蟲劑卻沒能拯救他們的莊稼。

對現代工業式農耕的危害無招架之力的還不光是農民，農企業往往只種植高產出且最具市場價值的作物品種，因此，自然界中發生的基因變異就逐漸消失，殊不知就是這樣的變異，才能在病蟲害肆虐時拯救特定型態的糧食。所以，當某個國家或某個大陸容許農企業接收許多小型農場，改採利潤豐厚的單一農耕而犧牲作物的多樣性，這時整個系統就變得不堪一擊，病蟲害的爆發可能在一夕間攻擊數十億株植物。

一九七〇年，亞洲幾乎所有的稻田都受病毒威脅，數億人口的糧食供給岌岌可危。科學家日以繼夜搜尋四萬七千種稻米的基因庫，希望能找到抵抗這種疾病的稻米品種，最後他們找到了，而且就是那麼一種——生長在印度山谷裡，於是那次總算逃過一劫。使人不得不深思的是，在那之後不久，那個山谷就因爲興建水力發電廠而被淹沒。假如當初在找到那種抗病植物前就興建電廠的話……

負責監控這些事的聯合國理事會表示，有爲數驚人的食用植物，被縮減到區區幾種適合工業農耕的品種，這其中包括：蘋果、酪梨、大麥、包心菜、木薯、雞心豆、可可亞、椰子、咖啡、茄子、小扁豆、玉蜀黍、芒果、香瓜、秋葵、洋蔥、梨、胡椒、蘿蔔、米、高粱、黃豆、菠菜、南瓜、甜菜根、甘蔗、蕃薯、蕃茄、小麥和山藥。哇！菲律賓國際稻米研究所（International Rice Research Institute）所長張德慈博士，對這樣的威脅做出擲地有聲的結論：「包括水力發電的水壩、道路、伐木業、現代農業等人們所謂的進步，使我們陷入糧食供給的危險處境，各地的野生與栽培作物品種正在流失中。」美國國家科學院(U. S. National Academy of Science)針對主要作物在遺傳基因上的脆弱性，做出以下的評論：「美國的主要作物，單一性的程度令人印象深刻，而脆弱程度也同樣讓人大開眼界。」不光是美國如此，只要是以工業式農耕接收農作物的地方，都可見到農作物的種類正在縮減。

用毒物種植糧食

二次大戰以來，當科學家最初發現戰爭期間用的神經毒氣可以用來攻擊啃食作物的昆蟲，從此農業就愈來愈依賴化學產業，而這種現象竟演變成邪惡而且極具破壞性的同盟。自然界賦予所有生物生存的本能，換言之，適應逆境是演化生存的關鍵。當化學殺蟲劑首先被引進某個區域時，昆蟲的捕食者會馬上中毒而亡，但是經過一再施放，有些昆蟲逐漸累積抗藥性，這就好比過度使用抗生素，在導致人畜生病的細菌身上造成抗生素抗性一樣，大劑量的殺蟲劑也在昆蟲身上造成抵抗力。使用殺蟲劑進行農事逾半世紀後，演化出一整個愈來愈不怕殺蟲劑的有害昆蟲種群，於是農民就更勤於噴灑毒性更強的殺蟲劑，這年頭農民殺死昆蟲的化學物質劑量，動輒就是四十年前的三倍之多，更何況殺死的還是相同的昆蟲呢。使用化學物質來阻隔到處侵略的雜草、齧齒動物和疾病也是同樣的情形，農民使用的化學藥劑愈來愈多，但功效卻愈來愈弱，每年大約三百萬公噸的農業用化學物質被施放到地球表面。

當然，這所有的化學物質不會乖乖待在農場裡，而是會溜進環境中，揮發到高速氣流，落入雨水和雪花，它們被風揚起，飄到我們的後院、遊戲場、受保護的野地甚至是有機農場，它們沈入土壤並溶濾到地下水、水庫和水井，它們鑽進湖泊、河流和海洋，當然最後也到了動物和人的體內。

這些化學殺手造成哪些附帶傷害？據估計，人們施放的殺蟲劑，只有〇．一％影響到鎖定的有害生物，這意味著各種無辜的「路人甲」卻要受苦。有時候，暴露在殺蟲劑的蜜蜂因爲免疫和生殖系統嚴重受損，以致於製造不出蜂蜜來。農業用化學物質一旦結合工業和家用化學物質而進入河川和海洋，就會弱化海豚、鯨魚等上千水中生物的免疫系統，造成青蛙等兩棲動物的先天性缺陷，例如連在一起的後腳，或者從肚子或背部生出多餘的腳來。當殺人鯨被海浪沖到卑詩省（British Columbia）的岸邊時，牠們的身體遭到多氯聯苯的汚染之嚴重，以致被認定爲有害的有毒廢棄物，而牠們的孩子也因爲喝了有毒的母奶而死亡。

每一年，農業用化學物質毒殺了高達六千七百萬隻美國的鳥類。有一天我還聽說，以往愛荷華州的鳴禽會以愉快的合唱歡迎春天到來，如今在農田區則幾乎絕跡。換句話說，農業用化學物質正在毀壞我們的動植物群。瑞秋・卡爾森（Rachel Carson）在見解獨到的著作《寂靜的春》（*Silent Spring*）中的預言，在許多地方已經應驗。

我們繼承的化學物

最後，無論是透過呼吸的空氣、飲用的水，還是吃的食物，這些無孔不入的農業用化學物質也進入人體，有的一待就是好幾年，而且經常是終其一生待在體內。因爲有些殺蟲劑具備模仿荷爾蒙的恐怖能力，因此它們就凝聚在過去被認爲是嬰兒最安全的食物——人奶之中。就連在母親子宮內的胎兒都難逃殺蟲劑汚染，因爲它們跟酒精、藥物等一併被胎盤吸收，再經由臍帶傳給腹中胎兒。

這些農業用化學物質引發的最大爭議之一，就是到底多大的暴露程度對人體來說是安全的。還有不少研究有待完成，但我們可以確知的是，暴露在化學殺蟲劑下與罹患多種癌症相關，此外還包括帕金森氏症、流產和先天性缺陷等。我們也知道兒童特別禁不起折騰，十二歲以下的兒童，腦部和神經系統仍處於關鍵發展期，尤其應該避免直接攻擊神經系統的殺蟲劑。

一九九四年，針對暴露在殺蟲劑下的影響，有一篇特別具戲劇性的研究，是比較兩組來自不同城鎮的墨西哥兒童。這兩個城鎮之所以中選，是因為兩地居民在遺傳基因上相似，吃相同種類的食物，教育程度、經濟和居住條件也相當，在這兩組四、五歲的小朋友間，唯一被注意到的差異是：其中一組住在距離所有農業區約六十英里的丘陵地帶；另一組則住在務農的山谷裡，那裡的農田和住家大量使用殺蟲劑，導致即使如蝴蝶等常見的昆蟲，如今也幾乎銷聲匿跡。此地也在新生兒的臍帶血和母乳中，發現多種高劑量的殺蟲劑。

研究人員發現，生活在務農山谷的兒童，在進行像是將葡萄乾落在瓶蓋裡的眼手協調的基本任務時感到吃力。小兒科醫師經常根據兒童用一條線畫人的結果，來評估認知與運動能力的發展狀況。丘陵區的兒童能夠畫人的簡單圖像，但山谷的兒童畫的線條和圖案，卻是跟人的意象相去甚遠，至於他們的記憶技巧和耐力也比較差，比較容易動不動做出人身攻擊和爆怒，遊戲時也較不善於社交和發揮創意。

雖然有關殺蟲劑的長期影響還有待更多資訊的佐證，但只要追蹤各種工業用化學物質的影響，就能確知我們不希望殺蟲劑留在我們的身體、孩子的身體、動物的身體，或是在大地之母的身體裡。我們無須仰賴更多研究，證明這些化學物質是有害的。我們不該容忍任何程度地暴露在這些凶神惡煞般的危險物質下。總有一天，我們會回顧這段農業的黑暗期，搖頭說道：以往的我們怎麼居然會相信，用毒物栽培糧食是個好主意呢？

充滿希望的覺醒

一旦意識到農業用化學物質造成的傷害，受污染的農產品嚐起來就再也不美味，而且永遠不能讓人滿意，哪怕我們是多徹底地清洗蕃茄，或者多仔細將桃子外皮剝去。一種純淨美好、應該是天賦人權的東西已遭到玷污和妥協，那就是：從地球取得有益健康的養分。

多年來，幾乎每個人做的就是清洗和剝皮，同時希望災害不會太嚴重，畢竟我們幾乎不能沒有蔬菜水果，這些是營養專家要我們多吃的食物。有些人不遠千里尋找不用化學物質栽種的食物，有些人則乾脆自己栽種。然而，一般消費者除了委屈地和殺蟲劑共同生活外幾乎別無選擇，大家都聽過小規模但卻重要的勝利，像是梅莉．史翠普（Meryl Streep）在國會面前作證，爲禁止將亞拉生長素（Alar）這種被認爲致癌的化學物質用在蘋果上盡了一份心力。但是整體而言，農業用化學物質似乎太多，而人的力量又太過微弱而無力阻止。

幸好，這些日子已成過去，目前已經出現替代方案，新希望確實存在，說不定我們能活著見到使用化學物質的大規模農耕走到盡頭。這個滿載希望的收穫在英美兩國叫「有機」（organic）食品，在歐洲被稱爲「生機食品」（biofood），這個興起中的趨勢正在改變全球農業的路線。但在探討未來的希望之前，一定要先看看現代工業農耕另一個困擾人的元素，那就是基因改造作物的出現，又名基改食物（GM food）。

4 不滿的種子

我們根本不知道這對人類健康和大環境的長期後果……如果某樣東西確實嚴重出錯，我們將被迫清除一種沒完沒了的污染，我不相信有誰最先知道該如何解決。

——英國查理王子（Charles, Prince of Wales），一九九八年六月，談到基因改造作物

假設你在餐廳裡，放在你面前的是一盤黑不溜丟的馬鈴薯泥。你可能會拒絕接受。事實上，你還眞會嚇一跳哩！即使餐廳向你解釋，說這種黑色新品種是一種特別有營養的馬鈴薯，你八成還是會抗拒，寧可要一堆白中帶黃的傳統馬鈴薯泥。但是，如果你得到的是看起來一般的馬鈴薯泥，但卻是經過基因改造後將殺蟲劑含在其中，以防止昆蟲吃它，那你還是會吃得很開心，因爲你不知道這不是你小時候吃的那種傳統馬鈴薯，再說餐廳也不會告訴你，他們的食物究竟是不是基因改造的，不是餐廳隱瞞實情，多半是

因爲連他們自己也不知道，所以沒跟你說。

就是因爲大量使用殺蟲劑對農業的影響激起公憤，農企業才不得不思考替代方案。然而不幸的是，企圖擺脫對殺蟲劑的仰賴，卻反而帶來一種同樣對人體健康和地球環境帶來災難的技術，那就是：基因改造生物體（GMO, genetically modified organism）。

基因工程產品是把基因物質從一個物種插入另一個物種的ＤＮＡ裡，基改作物的目標是改變基因編碼，使作物對害蟲和特定品牌的除草劑產生抗性。舉例來說，美國最常見的基因工程作物之一是「Bt Corn」，這種玉米經過變造，製造出自己的細菌毒素（即蘇力菌，Bt—Bacillus thuringiensis），每個細胞都有這種毒素，會殺死所有吃玉米的昆蟲。生物科技產業告訴我們，只要改造基因，使作物自己含有天然殺蟲劑，就能降低對化學殺蟲劑的需求而使環境受益。但是我們就是不知道，用這種方式改變基因的食物，長期下來會產生什麼影響。因爲基因工程作物的安全測試，往往不是採用客觀的科學方法，而是生技業者本身的研究。也許正因爲如此，所以結論經常是這些基因改造作物能被假設跟非基改食物一樣安全、有營養。結果，數百萬畝的基改食物被種植、販賣，並且被吃下肚。

第一批生物科技作物於一九九四年上市。如今全世界有一億六千七百萬畝的土地上種植基因改造作物，這主要包括玉米、棉花、大豆和油菜，它們經改造後製造出自己的殺蟲劑，或者能抵抗除草劑的施用。美國是全世界基改食物的頂尖製造者，八十一%的大豆、四〇%的玉米、七十三%的油菜，和七十三%的棉花都經過基因工程處理，而這種技術也已經在全球許多地方出現，世界各地如雨後春筍的基因改造生物體，正困擾著包括消費者和科學家在內的許多人。姑不論其它，沒人敢保證基改食物對長期食用的人類是有益健康的，此外基改植物對環境帶來極具眞實性的危險，因爲一旦這些植物散播到野外，出了栽培和測試它們的實驗室圍牆，通常就沒有可靠方法來控制它們的擴散。

目前，Bt玉米等基因工程食物在北美各地種植並販賣。由於美國與加拿大的政府花較多時間精力跟製造基因改造生物體的企業合作，而不是關心消費者想要什麼，因此沒有對基因改造產品進行強制標示，這意味著消費者除了吃有機食物外，完全無從迴避它們。然而，有機產業或許也不再有能力保護消費者，因爲基因改造生物體正以萬夫莫敵的態勢，散播到北美洲甚至中美洲的農作物。

警告：前方有生物危險因子

想像一下當老牌的有機食品製造業者陸地公司（Terra Firma）總裁查克・沃克（Chuck Walker）被告知，檢查員在他的玉米片中發現微量的基改生物體，他將感到多麼震驚。沃克立刻收集所有「有機」玉米片並銷毀，讓這家威斯康辛州的公司蒙受十四萬七千美元的損失。最後，受損玉米經過一路追蹤，來到德州一位種植有機作物的農民，他的作物意外遭到鄰近種植 Bt 玉米的農田交叉污染。因此沃克認為，除非禁止栽種 Bt 玉米，否則它的花粉終將污染全國每一片玉米田。

受威脅的還不止玉米作物，只要是允許種植基改生物的地方，就有可能傳染給鄰近農地。就連謹守有機耕作實務的農民也自身難保，因為要防止風或鳥將基改種子掉進自己的田裡，或者防止蜜蜂授粉，根本是不可能的事。一九九九年陸地公司的玉米片事件，是美國有機食品首度因為意外的基因污染而被迫下架的案例。在那之後，全國各地眾多有機農田曾遭到基改生物污染，就連墨西哥鄉下的個體戶農民，他們所擁有在多樣性和純度方面都被視為國際珍寶的玉米品種，如今也都受到美國種植的基改玉米污染。

信箱裡的一封信

除了到處蔓延的污染威脅外，企業也利用基改生物體，來取得全球糧食種植與分配的控制權。如今，幾家跨國公司擁有基改作物的專利權，你沒看錯，現在也有生物科技植物DNA碼的專利，這些公司竟然告起作物遭污染的農民，主張專利權被侵犯！所以說，小農的土地和生計不僅受到基改生物污染的威脅，也還要擔心擁有基改生物體的公司，宣稱是農民要負法律責任！

波西·施梅哲是來自加拿大薩斯克其萬（Saskatchewan）的第三代農民，五十年來守著他那片油菜田——開黃花的植物，又名「菜籽」（rapeseed）——過著小康的生活。一如成功的農民經常會做的，他一直在進行作物實驗，自己開發體質強壯的品種，每年從前一年的收成中採取種子。

所以，接到孟山都（Monsanto）的信當然令他目瞪口呆。這家發展基改食物不遺餘力的巨型農化公司，宣稱在沿著施梅哲農地路邊的溝渠測試幾種作物，結果在那裡發現孟山都的基因工程油菜。根據施梅哲的說法，孟山都的某位生物科技經理必定在未經他的許可下，祕密進到他的田裡測試過他的作物，因為信上說他的農田有大約一％到八％受到該公司基改油菜的汙染，又指控施梅哲侵犯專利權，要求他為了使用孟山都的種子，支付該公司賠償金。施梅哲從沒向孟山都買過任何種子，它們的種子滲透到他的作物，唯一管道是來自鄰近種植該公司抗除草劑的 Roundup Ready 油菜田。

施梅哲的例子之所以不尋常，並不是他收到來自孟山都這類語帶威脅的信，也不是因為祖傳的寶貴種子遭到基改生物體玷汙而被迫全數銷毀，更不是他的農田和一輩子的辛苦成果如今受到威脅。北美各地有幾十位農民也處在相同困境中，先是飽受討厭的基改生物汙染困擾，之後又收到孟山都的威脅信。然而，施梅哲可不像多數農民那樣悶不吭聲在庭外和解，他決定反擊。

有著日漸稀疏的棕髮，戴著金屬框眼鏡，說話輕聲細語，七十二歲的波西．施梅哲看來不像是會跟現代歌利亞對抗的那種人。在被問到為什麼願意忍受多年纏訟與天文數字的訴訟費用時，施梅哲說他的巴伐利亞祖父母於一八〇〇年代從這個古國移民，就是為了逃避類似的帝國主義。

「他們想逃避控制作物和糧食的大地主、皇帝和國王，而這些原本屬於全體農民。」

他說。「現在，企業已經成爲貪婪的大地主、皇帝和國王，企圖控制我們的糧源。我們無處可逃，只能挺身對抗。」

纏訟六年加上四十萬美元的訴訟費用，波西・施梅哲的案子終於進到加拿大最高法院。最後，孟山都的專利權主張獲得確認，但是由於波西並沒有因爲「侵犯」孟山都的專利而獲利，因此最高法院判定他無須賠償他們的損失、法庭費用或罰金，簡單來說，他完全無須付給孟山都一毛錢。

施梅哲算是幸運的，他那指標性案件的重要性足以獲得全世界的矚目，以及來自關心的個人和基金會的捐款。傑瑞・賈西亞（Jerry Garcia）的遺孀黛博拉・昆絲・賈西亞（Deborah Koons Garcia），在她傑出的紀錄片《食物的未來》（*The Future of Food*）中以他爲特寫人物，但是，每位農夫在面對孟山都的訴訟時，都能獲得如此這般的全球性支持嗎？美國最高法院對下一個挺身對抗孟山都的小農，會給予較有利的判決嗎？目前我們看到的，是北美洲農民所遭受到的企業勒索。

波西・施梅哲獲頒印度的「甘地獎」（Mahatma Gandhi Award），以表揚他勇敢、非暴力的努力。這陣子當施梅哲向印度、孟加拉等第三世界國家的農民發表談話時，都會提醒他們是有選擇的，可以實際行動避免孟山都等跨國公司在他們國家種植基改作物。施梅哲說，沿著薩斯克其萬大草原，有群農民想種植非基因工程的大豆或油菜，但是卻已經來不及，現在他們所有的種子都遭到基改生物體污染，由於油菜是芥屬科的一員，所以已經跟蘿蔔和花椰菜等作物異花授粉。

「還不光是在田裡呢，」施梅哲說。「現在所有高速公路的中央分隔島、帶狀停車格、民宅後院、校園操場和高爾夫球場，都有孟山都 Roundup Ready 油菜在生長。我們甚至在墓園裡發現它的蹤跡。」由於這種作物經過基因編碼的過程，完全不受害蟲和除草劑的傷害，因此幾乎不可能殺死。

目前施梅哲種的有機燕麥、大麥和豌豆作物並不算多，即使他從不使用殺蟲劑，但他說他曾在油菜作物上使用過化學肥料，令他今日懊悔不已。「眞希望當初聽我老婆跟母親的話，」他說。「我母親直覺上就不信賴農業用化學物質，不准那些東西沾上我們的土地。我老婆堅持家裡吃的所有糧食一律有機栽培，以前她跟我說：『你有這麼多畝的作物，你把這些有化學物質的東西賣給別人，我們自己卻吃有機食品，這是不對的。』經歷這一切，現在我明白我這一路走來早該當個有機農夫的。」

即使波西・施梅哲和孟山都的法律審判已經結束，他可以選擇就在他的有機農場過著退隱的生活，但他卻繼續環遊世界，和歌利亞抗爭。二〇〇五年，他旅行到泰國，他的公開證詞說服政府下令禁止孟山都的終結者種子，一如當初爲了對祖先致敬而發動這場戰役，他說他繼續打仗，是爲了對繼他之後的人致敬。

「內人跟我已經七十二、三歲了，」施梅哲說。「我們不曉得自己還能活多久，所以我們是這麼看的：身爲祖父母的我們，必須問自己，我們希望留給子孫什麼樣的東西？我的祖父母跟父母留下土地，我不希望留給子女的是充滿毒物的土地、空氣，跟水。」

種子之王

一些正在接收北美洲農地的跨國企業，也正在收購種子公司，並且擺明企圖對世界的種子申請專利。以上不是科幻小說的內容，而是正在發生的事。二〇〇五年一月，孟山都（現在被封爲「種子之王」〔Lord of the Seeds〕）接下全世界數一數二的種子公司山米尼斯（Seminis），照這速度看來，幾家跨國企業即將掌控全世界的種子供應。

即使更多糧食能解決世界的飢荒問題，但我們還沒有看見任何具體跡象，顯示基因工程將恢復世上受損耗的農地，或是提高糧食產量。從孟山都、杜邦、道氏等跨國企業吞併世界種子供給的速度看來，有人懷疑基因工程的主要誘因是貪財，企業企圖透過專利權，確保掌控世界的糧食供應。

在此同時，具潛在危險的非永續農耕法正在開發中國家蔓延，當地領導者往往受到來自世界銀行（World Bank）或國際貨幣基金（International Monetary Fund）的施壓，被迫跨國企業合作。同時，企業爲了自己的農業技術而在開發中國家開創新市場，並以低成本生產食物（經常雇用奴工），再賣給已開發國家的顧客藉以牟取暴利。才能持續對開發中國家的殖民剝削。

凡是研究過世界飢餓的人都知道，全球每天有八億人正在挨餓，近三萬兒童餓死，主要原因不是缺乏食物，而是其它各種不同的因素：政治動盪、食物分配不均、貪腐的地方和中央政府、人口過多和過度放牧造成土壤劣質化、企業收購鄉村農田，因而威脅到以適應當地而發展的在地農耕文化，最後是數十萬農民被奪去用以自足的手段，以及這些農民往城市遷徙。最後一項是正在大規模上演的悲劇，原因是農民愈來愈窮，權利被剝奪的程度也日益嚴重，他們往往被迫離開好幾代耕種的土地，費好大的勁在都市中心找到一份並不適合的工作，但反正那裡的失業人口通常不在少數。因此，驕傲的農民變成飢餓且往往餓到發慌的乞丐，以上在多明尼克‧拉皮耶（Dominique Lapierre）的《歡喜城》（*City of Joy*）中有深刻描述。

只有當這些惡事被提出來探討，才能真正解決世界的飢餓問題。我們需要和平、符合人道主義精神的領導階層，需要的理解、憐憫和常識多過於技術。至於企業宣稱只要把地球上的農地轉成一畝畝有優越基因的作物，這些作物能抵禦害蟲、暴風、乾旱和疾病，就能杜絕世界的飢餓問題，對此我們也存疑。

因此，我很高興在二〇〇五年五月的《生態學家》（*Ecologist*）雜誌中讀到一篇文章，這是有關於衣索匹亞環境保護局（Ethiopian Environmental Protection Authority）的局長土沃德‧伯翰‧賈伯‧依希巴赫（Tewolde Berhan Gebre Egziabher）博士的訪談，當時他正企圖徹底改革該國農業。他大力推廣有機農耕，鼓勵農民用堆肥和輪耕來改善土質——尤其引進豆科植物來提高氮氣含量——並利用梯田降低逕流（runoff）造成的土壤流失。或許，他的國家能避免受到基因改造作物和農業用化學物質造成的環境汙染，因而不必付錢給西方企業。此外，他和其他帶頭的衣索匹亞人，正在發展當地的市場基礎建設，推行環境敏感的放牧法，並致力分散國家的市場基礎。

土沃德博士在接受《生態學家》的訪談中表示，無須購買進口的化學殺蟲劑，因爲衣索匹亞作物品種的多元和多樣性，使他們免於單一農作物種植在廣大、同質性農地上典型會有的害蟲問題，他完全駁斥業者宣稱基改作物能解決開發中國家的飢餓問題，堅信依賴技術將「再度『奴役』非洲，只不過不是強迫非洲人民在美國的土壤上栽種作物，現在的我們被迫在非洲土地上種植美國公司的作物。」

土沃德博士，我們向你敬禮！你爲其它開發中國家豎立了多美好的典範。

小農的反撲

基改生物體的生長，引發關於未來收成作物的嚴重問題。農民種植傳統或有機作物的權益能不能獲得保障？跨國企業放任基改食品散播到鄰近小農地，該如何讓他們接受法律制裁？農民如何確保儲存自己種子的權利？豐富多樣的古早和傳家作物會怎樣？諸如種子、植物、基因、人類器官和動物等活的有機體，應不應該被企業的專利權擁有並接受保護？最後，如果容許企業擁有生命，這世界會變成怎樣？

幸好，全世界都有像波西・施梅哲這樣的英雄挺身對抗企業，拒絕讓他們接管我們的糧食供給。基改生物體的蔓延讓許多人萬分沮喪，有些人乾脆將這些偏離正道的植物連根拔起，英國的抗議群眾損毀基改作物，而一旦遭到逮捕，就以「防衛公眾利益」——亦即預防基改生物體污染——作爲法律上的辯護，爲他們的行爲尋求正當性。有個指標性的案例於二〇〇四年進行審判，案例中的二十七名抗議者（包含綠色和平的執行董事彼得・梅爾切特爵士〔Lord Peter Melchett〕）將位在英國諾福克（Norfolk）的某處基改玉米田夷爲平地，被告對基改生物體污染的嚴重威脅提出極具說服力的論證，於是法官在總結中，表示被告的舉動應該被視爲「具正當性的污染控制」，判定抗議者無罪。

在法國，有一群自稱除草大隊（Mowing Brigade）的激進分子，專門破壞基改作物。這個團體是由著名的法國農夫喬塞・波維（Jose Bove）帶領，一九九九年，他因爲幫忙破壞在他羊牧場附近的麥當勞以抗議全球化而登上頭條。二〇〇四年，他們甚至訂了一個除草日（Mowing Day），將南法的基改作物拔個精光。另一個團體是「自由種子解放」（Free Seed Liberation），他們在二〇〇四年的某天半夜爬上裝了倒刺的鐵絲網圍牆，以拔除澳洲布里斯本（Brisbane）附近種植的基改鳳梨。紐西蘭的抗議群眾則帶著傢伙進入田裡，跟新栽種的基改玉米作戰。事實上，我們在種植基因工程作物的幾乎所有地方都發現環保人士、有機農民的蹤跡，而他們每天也都窮盡一切力量將這些作物連根拔起。多年來，希望擺脫基改作物的巴西政府，付錢請農民將這些作物拔除並銷毀，但是二○○四年初政策卻變了，孟山都獲准在巴西種植基改作物。

二○○五年六月一日，第一份全球基改污染事件的登記簿出版。自基改作物於一九九六年首度面世以來，如今只要進入「英國基因觀察」(GeneWatch UK) 和綠色和平網站，即可取得所有已知食品、動物飼料、種子和野生植物污染詳情的相關資訊。九年內，二十七國記錄了六十多件非法或未經標示的基改污染事件，該網站也提供有害副作用的資訊，例如抗殺蟲劑的超級雜草的形成。

短短九年內，全球各地的事件數，爲一份外流的歐盟執行委員會（European Commission）內部文件的資訊帶來不祥徵兆，這份文件是由地球之友（Friends of the Earth）於二○○五年五月取得，是歐洲在世界貿易組織（World Trade Organization）中，針對和美國就基改作物的爭議所做的答辯，當中清楚提到爲執委會工作的科學家，對基改食物和作物的安全性表示關切，他們承認有關抗生素抗性基因和益蟲續發效應的顧慮是「具正當性」且「有科學根據」，會員國應該有能力判斷自己受保護的程度。然而自從貿易爭端在二〇〇三年開始以來，執委會已經強迫兩種新的基改產品進入市場，並向會員國施壓，要他們取消禁令。

留心神奇種子

和平工作團（Peace Corps）的前志工撒拉・史威特（Sala Sweet），說到她在迦納（Ghana）北部一處貧瘠小村莊威爾威爾（Walewale）工作的故事。史威特當時和某個婦女團體一起工作，幫他們在自己的社區成立永續產業跟農業。在充滿陽光的乾涸地貌生活了幾個月，撒拉領悟到那是栽種向日葵的絕佳環境，這種強壯的作物可以成爲婦女的謀生之道，但是每當她建議栽種向日葵，村裡的婦女似乎有所遲疑，甚至對這點子感到惱怒。最後，當農民終於信賴史威特後，他們告訴她有一家「美國的種子公司」已經向威爾威爾的村民建議經營向日葵事業，並且以不斐的價格，提供他們一種特殊的起始種子（starter seed）。

等到向日葵種子可以採收時，婦女發現要找到夠大的本地市場來消化新作物著實困難，於是種子供應商表示願意用極低的價格向他們買回向日葵種子，讓這些婦女幾乎無利可圖。農民當然會在採收的種子中保留一些供下一批使用，希望接下來的採收會更順利，但是他們不久就發現種子公司給他們的，竟是一些不會發芽的種子，又叫做「終結者種子」。這些種子經過基因編碼來違抗自然律，而且基本上是殺死它們自己的胚胎而導致無法繁殖。種子公司竟厚著臉皮以更高的價格，將另一批向日葵種子賣給村民。

「現在他們不信賴美國人，而且不太敢種植向日葵這種能用以謀生的作物，」史威特說。「誰能怪他們？有些種子公司進到他們的村子，試圖利用婦女自力更生的慾望，賣給他們經過基因改造的不發芽種子，使農民必須一輩子仰賴美國企業。」

最令她難過的是，如今只要有人帶著好點子跟一顆好心來找威爾威爾的婦女，就會遭到抗拒和懷疑。她解釋，幫助鄉村社群的草根力量愈來愈能夠自足，且具備足夠實力接受挑戰，而沒有類似來自跨國企業的蓄意破壞行爲。

他們以前錯了

製造基因工程食品的跨國企業向我們拍胸脯保證，他們的產品對人類消費是安全的。但是大約六十五年前，曾有一段時間人們相信化學的二氯二苯基三氯乙烷（dichlorodiphenyl-trichloroethane，簡稱ＤＤＴ）對人、動物和環境無害，然而現在所知的是，ＤＤＴ的長期累積效應已經造成環境浩劫，導致整個鳥類的種群幾近滅絕，包括美國的禿鷹在內。

氯氟烴（chlorofluorocarbon）的情形也是如此。重點是，當我們聽到新產品被引進環境中，應該擔心的是「長期累積效應」。人們創造許多基因改造的食物，是在每個細胞生出自己的殺蟲劑，大量生產這些新毒物會產生什麼長期累積效應呢？對環境呢？對我們呢？

二〇〇三年，一些被用來做爲動物飼料的玉米，意外進入人類的食物鏈。最嚴重的單一污染事件是星連（StarLink）玉米，這種被核准只能做動物飼料的基改品種，卻找到途徑經由墨西哥玉米餅（taco shell）進入人類食物鏈，爲了預防那些惱人的昆蟲，這種玉米經由基因改造製造出自己的殺蟲劑，這種毒物不被胃酸分解，也是許多可能引起過敏反應的物質共有的特性。包含美國、加拿大、埃及、波利維亞、尼加拉瓜、日本和南韓等七國的上千家商店被迫撤掉產品，當時我正在美國，不少人因而罹患令人不安的過敏，有些更出現過敏性休克。

美國生長的大豆中，有超過八成的基因被更改，這些大豆就像孟山都的油菜，經過特殊的工程來抗拒孟山都的 Roudup 除草劑。也就是說，農民可以將 Roundup 四處噴灑在作物上，它將殺死除了大豆以外所有活著的植物。（無獨有偶，孟山都表示它的除草劑和食用鹽一樣安全，然而研究人員已經在 Roundup 的主要化學除草成份草甘膦〔glyphosate〕，和非何杰金氏症〔non-Hodgkin〕的淋巴癌〔lymphoma〕間找到關連性），這些基改大豆產品遭大量噴灑除草劑，隱藏在美國逾六成的加工食品中，你也可以在大豆油、豆粉、大豆卵磷脂、蛋白質粉和維他命E中找到。

那麼，玉米DNA裡的所有 Bt 殺蟲劑又如何呢？當某種殺蟲劑被噴灑在某種植物時，我們至少可以用清洗和去皮求得安心。但是，如果植物經過基因改造，於是從根乃至果實的每個細胞都含有 Bt 呢？這麼一來，你就不能將它剝除，也不能將它洗掉了，當這些經過變造的 Bt 細胞進入人體，會對我們做出怎樣的事來？

動物和基改生物

許多動物對基改生物顯露出本能的反感。舉例來說，野鵝會避免到基因改造的油菜田覓食，而偏好來自非基改田地的油菜。二〇〇三年九月，《福祉雜誌》（*Well Being Journal*）登載一篇故事，是關於一位名叫比爾・拉許梅特（Bill Lashmet）的農民，用他的牛進行餵食的實驗，他把一個飼料槽裝滿五十磅的基因改造 Bt 玉米，另一個槽則裝滿自然的玉米粒，他觀察每一隻牛先是用鼻子嗅一嗅、倒退一步，然後走到天然玉米那裡，開始狼吞虎嚥吃了起來。一九九九年，美國記者史蒂芬・史普林克爾・楊克頓（Steven Sprinkel Yankton）爲農業雜誌 *ACRES USA* 寫一篇令人驚嘆的文章，根據多位玉米帶（corn-belt）（譯註：美國中西部產玉米的各州）的農民表示，如果餵食槽有基改作物，豬就不願意把分到的食物吃光。浣熊經常偷襲有機玉米田，卻不碰基改玉米的餵食槽，他敍述有位農夫觀察到一群四十隻的鹿，在過馬路時「撂倒他的大豆」，卻沒有一隻雌鹿去啃孟山都的 Roundup Ready 大豆作物。

老鼠也都不喜歡基因工程食品，加拿大和荷蘭的農民紛紛表示，如果分別儲藏基改和非基改穀物，非基改的箱子會鼠滿爲患，而基改的箱子則乏鼠問津，平常愛吃蕃茄的實驗鼠，卻拒絕吃經基因改造使成熟延後的「FlavrSavr」蕃茄。最後，老鼠必須被強迫餵食蕃茄，研究人員才得以研究吃下基改蕃茄的後果，結果幾隻老鼠出現胃部病變，四十隻老鼠中有七隻在幾週內死亡。儘管如此，美國聯邦食品藥物管理局（FDA）卻在沒有進一步測試的情況下，核准 FlavrSavr 蕃茄於一九九〇年代初上市，說也奇怪，這種蕃茄從來都賣不好，最後落得以下架收場。

奧帕・布茲泰（Arpád Pusztai）博士，這位替英國政府服務的匈牙利裔科學家，在英國的羅威特研究所（Rowett Research Institute）針對吃下基因改造食物的動物進行最徹底的測試，觸發他這麼做的，是一種 Bt（能製造自己的細菌性毒素）馬鈴薯在美國的誕生。

布茲泰決定用另一種天然殺蟲劑來製造基改馬鈴薯，這是在雪花蓮裡發現的外源凝集素（lectin），他以大劑量的外緣凝集素餵食大鼠，外表並未呈現不良後果，接著他切下外源凝集素的基因，植入馬鈴薯的DNA裡。當他在老鼠身上測試新創造的馬鈴薯時，對他的發現萬分震驚。首先，他的測試顯示新馬鈴薯的營養成份，不同於當初被取出的非基改馬鈴薯父母線（parent line），新馬鈴薯其中一株作物的蛋白質成分，較它自己的父母線所含蛋白質少二十%。困惑的他於是繼續分析馬鈴薯，結果發現即使系出同門，在完全相同的條件下生長的同種馬鈴薯竟出現不同結果，這意味美國食品藥物管理局在「基改食物與父母養分相同」的假設下制訂的政策，是受到了誤導。

不過，他的下一個測試更令人不安。當他用新馬鈴薯餵老鼠時，這些老鼠出現免疫系統弱化的情形，胸線和脾臟也受損。有些老鼠擁有較小、發展較不完全的腦子、肝臟和睪丸，有的則出現胰臟和腸子等組織腫大，這些嚴重影響，在吃下這些馬鈴薯十天內就出現表徵，其中有些在一一〇天後還持續著，相當於人類的十年。然而，在被餵食烹煮過的馬鈴薯時，老鼠卻維持健康。

布茲泰憂心忡忡。他謹慎地測試過很多次。他餵老鼠吃過他的基改馬鈴薯、天然馬鈴薯，以及和基改馬鈴薯含有等量純外源凝集素的馬鈴薯，只有老鼠吃下生的基改馬鈴薯，才會產生嚴重的負面效應。對布茲泰來說，如果負面症狀不是外源凝集素造成的，看來一定是基因工程的處理程序本身使器官受損，並造成免疫功能不全。

這眞是晴天霹靂。布茲泰審閱過不少文件記錄，敘述其他科學家針對市面上的基改食品進行的測試。他對他認爲的欠缺設想、膚淺的本質，以及測試次數不足感到驚駭不已。他理解到如果當初使用了跟那些最後結論是贊成且已經上市的 Bt 馬鈴薯、玉米、棉花種子和大豆同樣膚淺的測試的話，那他的馬鈴薯應該也會被核准。這些馬鈴薯也早就被賣給數十萬人，理論上可能製造出類似他在老鼠身上觀察到的健康問題，而這些問題可能要花好幾年，才會出現在人的身上。幸好，我們不生吃這些食物，然而相同危險將發生在蕃茄和其他不一定經烹煮的基改蔬菜水果上。

就是在這個點上，布茲泰在電視節目《行動中的世界》（*World in Action*）上討論他的發現，他在節目中表示，他本人絕不再吃基改食物。不用說也知道，此話一出引起媒體極大興趣，不久他遭到開除，有那麼一陣子，他在科學界受到揶揄並名列黑名單。

接下來幾年，我沒有聽到他的進一步消息。後來我在非洲時，無意間轉到英國廣播公司ＢＢＣ的頻道，聽到一群科學家出面爲布茲泰博士辯護，並爲他身爲科學家的人品強力背書。這項研究如今被刊登在素有權威的英國醫學期刊《刺胳針醫學期刊》（*The Lancet*）上（「調查來信‧含基因改造馬鈴薯的飲食產生的效應，表現於老鼠小腸的雪花蓮外源凝集素」〔Research letter: Effect of diets containing genetically modified potatoes expressing Galanthus nivalis lectin on rat small intestines〕，作者爲・・史坦利・依文〔Stanley W.B. Ewen〕和奧帕・布茲泰。）當然，這些新發現引起激烈辯論，由於牽涉的利害之大，一方是生技公司的利益，另一方則是人類、動物和環境的健康，所以還有得爭論的呢。

此外還有幾項較不嚴謹但卻很有意思的研究。二〇〇二年四月二十七日的「BBC新聞」（BBC News）報導，表示針對某品種的基改玉米進行的安全性測試是有瑕疵的，報導當時，英國的田地正種植玉蜀黍T25，這種玉米顯然被測試在雞的身上。在測試期間，一群雞被餵食基改產品，另一群則是吃一般玉米。結果吃下基改玉米的雞，死亡數量竟是吃一般玉米的雞隻的兩倍，然而T25卻獲得上市許可。就是因爲已知的風險加上所有不確定性，有些國家已禁止種植與販賣基因工程食品，這些國家的許多居民對基改生物體高度存疑，並密切觀察美國兒童，看有沒有任何長期影響，現在北美兒童成了全世界的實驗動物，被用來研究吃基改產品的長期效應。

你能做什麼

在面對如此驚人且快速成長的企業購併時，我們該如何轉動餐桌，回歸健康、安全的農作？我們用什麼方法，使自己的身體和地球免於基因工程有機體？幸好有一些有效的東西，可以幫忙停止基改生物體的散播。

強制標示

美國是世界上少數不要求標示基改食品的工業國之一，消費者可以選擇不買含有味精（MSG）、紅色二號色素（Red Dye #2）甚至是鹽巴的包裝食品，但他們在標準標示上看不到的，卻是肉眼看不見的基改生物。少了誠實標示，關心健康的消費者就無從得知是否將基因改造的嬰兒食品，餵進自己的寶寶嘴裡，也不知道給家人吃的，究竟是不是用基改穀物做的素食漢堡。就連包心菜、萵苣、馬鈴薯、蕃茄和茄子等生鮮蔬果，都可能經過基因改造。

生產基改生物並擁有專利權的企業，知道消費者對他們經過實驗室改造的「科學怪食」（Frankenfoods）感到憂心，事實上，多數美國消費者表示希望對基改生物體進行強制標示，因爲他們想避開這些東西，也難怪企業在美國激烈抗爭基改生物的標示，因爲他們知道那會是整個產業的「死穴」。所以，只要在可能情況下，對你們的政治代表施壓，要求基改食品的存在必須加以標示。

對準雜貨商

反基改的活躍分子也表示，顧客向超級市場施壓，不得在自有品牌的產品暗藏基改生物體。在美國，自有品牌產品佔超市營收四成之多，想像如果店家不再購買基改生物體來製作自有品牌產品，對「科學怪食」的產業會有什麼後果。

英國發動一次成功的宣傳活動，積極分子到超市，在購物推車裡裝滿包裝食品，接著來到結帳櫃臺時拒絕付款，直到店經理以個人擔保所有物品都不含基改成份。其他積極分子則是將「生物危險」的標籤，貼在一般所知成分中含有基改生物體的產品上。

於是，超級市場就這麼接二連三地投降。一九九九年，英國多數的主要雜貨商同意將基改食品從自有品牌除去，在美國，消費者的壓力說服全食超市（Whole Foods）和商人喬超市（Trader Joe），不再把任何基因改造食品放進他們的自有品牌產品中。

就算政府對消費者的要求充耳不聞，但雜貨店卻不得不回應，因爲現在我們可以轉而光顧別家店，如果不喜歡某家雜貨商的政策，可以找到提供各種非基改生物、有機食品的店家。所以不管你在哪裡購物，都要讓店經理和老闆知道你的要求，威脅他們除非改變，否則你就要到別家光顧。如果你成功說服雜貨商販賣有機食品，一定要有貫徹要求的心理準備，亦即購買他們的有機產品。

避免吃基改生物

除非基改生物被標示，否則它們將一直隱藏在我們的糧食供給中。如果你有心降低自己暴露的程度，唯一保證不會吃到基改食物的作法，就是買有機食品。但是，有時候有機不是想買就買得到，尤其出門在外。以下是幾個減少攝取基改生物體的訣竅。

盡量避免「大豆」、「玉米」和「油菜」這排名前三名的基改作物。尤其要注意包裝食品，因爲美國有七成的加工食品，都使用這三種作物的基改生物體。多數速食也含有許多隱藏的基改生物體，因爲這行業仰賴玉米糖漿作爲甘味劑，並使用大豆油及黃豆內餡。令人難過的是，即使如豆腐和豆漿等受歡迎的「健康食品」都該避免，除非是有機的。還有請記住，全世界有過半數的基因改造作物都被做成動物飼料，所以務必盡可能避免非有機的動物產品。

上「眞食物網站」(True Food Network Web)（詳見「資源」部分），你會看見一張齊全的購物清單，裡面有所有基改和非基改食品的品牌名。此外，網站上也列出世界各地測試基改作物的地點，並爲停止基改作物的散播獻策。

5 動物工廠：悲情農場

問題不是：「他們能推論嗎？」也不是「他們能説話嗎？」而是「他們能受苦嗎？」

——傑瑞米・邊沁（Jeremy Bentham）

小時候，我到祖母在肯特郡（Kent）的農場住，當時好興奮，因爲田野和農場裡總有這麼多種動物，牛在啃食牧草，要不就是躺在地上反芻胃裡的食物，兩、三頭拉車馬站在樹蔭下，因爲當時農場還用得上他們，即使他們的任務大多已經被曳引機取代。豬，一些正在吮乳的小豬在寬敞的豬圈裡，有些在田裡漫步。公雞母雞在大院裡刨土，時而咯咯叫，時而咕嚕咕嚕，小雞各個有如黃色毛球，急急忙忙在母親叫喚的地上啄著，鴨子在鴨池裡，另外還有一小群鵝，我對他們則是敬畏有加。

農夫飼養各種動物，部分是因爲他知道有牛、有豬、有鳥的多樣性，在一起會形成一種最好的系統，使農田繁茂興盛。一小群牛在草原嚼食遍佈的新鮮牧草、香草和幸運草，這些草全都含有豐富的胡蘿蔔素和養分，經過幾個月，農夫將牛群搬遷到不同的牧草地，把幾隻豬放到清空的田地上，豬屬雜食性，他們用強有力的鼻突翻土（除非他們鼻子上有鼻環），並找到各種營養豐富的根和昆蟲，甚至從牛糞中吸收養分，因爲他們的消化神經束的酸度如此之高，以致成爲大家所知的「終端宿主」（dead-end host），能殺死所有可能出現的寄生蟲和細菌。豬也從他們吃的土壤中，獲取各種提昇免疫力的物質。

聚集了大群豬隻的田地，成爲禽類絕佳的狩獵地。鳥類在被翻起的土裡啄起蠕蟲和昆蟲，並將富含硝酸鹽的糞肥沈積在草地上，確保下一群牛有茂密的草可吃得更健康。

事實上，舊的農耕系統密切地模仿大自然。我在坦尚尼亞賽倫蓋蒂平原的那幾年，看見野生牛羚和瞪羚等移居的食草動物越過草原，他們的糞便使草地肥沃而造福疣豬和無數多種鳥類。當然，賽倫蓋蒂的生態系統就像所有自然的生態系統，遠比任何農場還要肥沃而且更多元，它自豪於擁有夠多的肉食動物，也使獵物維持在一定數量。多數農民對狼、郊狼、狐狸和猛禽等掠食者進行長期抗戰，也就是說掠食者的自然獵物急速增加，兔子、鹿、各種齧齒動物和多種鳥類趁機會大吃農作物，所以農民必須自己維持低數量才行，這類的獵食多半只是爲那些愛吃兔肉派和鹿肉的當地人加菜罷了。

世界上的游牧族會變成怎樣？

類似東非洲的薩伊游牧族，絕對是仰賴他們的牛（或羊、馴鹿、犛牛或駱駝）爲生。

我和我的先夫雨果，是在恩戈羅恩戈羅（Ngorongoro）和在賽倫蓋蒂工作時，才有機會了解一點馬薩伊的事。他們對牛有一種愛跟深深的敬意，只有在非常特別的場合才吃牛肉，但他們除了牛奶外也會利用牛血，把一根銳利的箭頭刺進頸靜脈放血，只要操作正確，牛幾乎顯不出不舒服的樣子。

令人難過的是，游牧族的好日子已所剩無幾，因爲他們正逐漸被迫適應定居生活，有時是政府法令，經常則是因爲他們生活所繫的大平原正在縮減，這是因爲人口急速增加、嚴重乾旱、牛群過大而無法被剩餘的環境容納，最後導致過度覓食，以及土壤腐蝕等，所以土地才會愈來愈稀少。非洲、蒙古和阿富汗都是如此，至於

> 山羊、犛牛或馴鹿和牛隻的放牧者也是相同情形，曾在鄉間漫無目的自由走動的上千牧民，如今試著在陌生城市找工作，但經常鎩羽而歸，努力適應他們既不感興趣也不適合的生活方式。美國與澳洲原住民在某些情況下失去謀生能力，於是耽溺於酒精，成了乞丐。至於犛牛、山羊、駱駝和牛，又是怎麼了呢？

但我突然發現，在七〇年代，農業世界的一切都變了。有人給了我一本澳洲哲學家彼得・辛格（Peter Singer）的著作，我就是在讀《動物解放》（*Animal Liberation*）時，才首次聽說「工廠農場」（factory farm）的恐怖事蹟——就是以大規模密集的方式飼養愈來愈多的動物，以滿足消費者用愈來愈低的價格，買到愈來愈多肉的要求。

從那時起，我對全世界數十億農場動物的痛苦，有了更多的了解。顯然，一切悲苦源自這些農場動物只被當作「東西」對待，然而他們卻是感受得到痛苦和恐懼、知道滿足、喜悅和絕望的生命，他們當然有權活在容許他們盡可能表達自然行爲的生活條件下：豬應該在一個地方生根，豬寶寶應該要能夠玩耍，互相追逐並興奮地唧唧叫，牛需要在青草地上嚼食，小牛則在晨光中嬉鬧跳躍，各種禽類應該能夠刨土並在地上啄食，同時伸展他們的翅膀。所有農場動物都該擁有稻草做成的褥床。

工廠式農耕的產業模型認爲，把動物視爲有情眾生既沒有效率，也無利可圖，他們將動物視爲純然的機器，這些機器將飼料變成肉、奶或蛋，彷彿他們的感情或權益不比一臺自動販賣機高似的。

家禽的苦難

許多家禽都養在「電池農場」（battery farms）裡，一棟建物有上百個籠子層層堆起，在蛋雞的電池農場中，光是一間小棚屋就可能裝了高達七萬隻籠中禽鳥，四到六隻母雞擠在狹小的鐵絲籠裡，距離近到無法伸展翅膀。由於他們經常互啄，於是他們的喙往往在痛苦的「拔喙」手續中被除去。此外由於他們的腳爪動不動就被籠子底部的鐵絲網卡住，所以他們有時會被切去腳趾末端，以防腳趾生長。

當生蛋母雞的雞蛋產量開始下滑，會有好幾天沒有食物和水，於是白天和黑夜的週期被反轉，這種人爲施加的換毛過程，嚇得母雞羽毛全都掉光，短短幾週的光景，母雞再次從頭開始產卵，等這隻雞無蛋可生，報廢的蛋雞就被用來做雞湯。在這些雞蛋工廠中，剛被孵化的公雞通常被當作無用的「副產品」扔進塑膠袋裡，隨著愈來愈多小身軀堆在他們身上，最後這些小公雞就窒息而死，之後被丟進垃圾桶，有些小雞被絞碎成動物飼料，有時還是在活著的情況下被絞死。

雞腿、雞翅和一片片雞胸肉被俐落地包裝好，供人買來燒烤的嫩雞或閹雞等成雞，擠在狹小的棚屋互相推擠，從彼此身上踏過，踐踏死去的同類。

火雞短暫的一生可說是集悲慘之大全，他們被迫灌入生長激素，直到再也無法站立或正常繁殖，然而當家人聚在節慶餐桌上慶祝感恩節或耶誕節時，有多少人會爲那些用自己苦難造就人類大餐的火雞，起過那麼一絲絲感恩的念頭？但是，陰魂不散的火雞當然也會加入感恩慶典，只是這些火雞要感謝的，是終結他們多災多難一生的「死亡」。

用來吃的鴨和鵝，也被飼養在和雞類似的密集工廠狀態下。他們被迫餵食的方式根本就是虐待，目的是使他們的肝臟腫大到可以在符合經濟效益下被做成鵝肝醬。農場工作者將一根金屬管硬塞進鴨或鵝的咽喉，這時幫浦將大量玉米飼料直接灌入這可憐動物的食道。才幾星期的功夫，鴨和鵝就嚴重過重，他們的肝臟腫大到正常的十倍大小。養來做鵝肝醬的鴨和鵝幾乎無法呼吸，更別說是站立或行走，許多的咽喉出現裂傷，食道裡有非正常餵食的食物，上消化道則長了細菌和眞菌。

不是每隻豬都活得像「巴貝」

被密集飼養的豬隻，或是農業界所知的成豬（hog），在某些方面的命運可說是最慘的了，因爲豬很聰明，至少跟狗一樣聰明，有時更有過之。舉例來說，一隻名叫「哈姆雷特」的豬，能用鼻突把游標（設計讓黑猩猩使用的）移到電腦上不同顏色的框框裡，而傑克羅素㹴犬經過一年還學不會類似任務。工廠飼養的年輕豬被關在擁擠到恐怖的豬圈，地面通常是水泥或木板條，生活在如此近的距離內，旺盛的精力無從發洩，於是豬兒有時會把彼此的尾巴咬掉，所以出生剪掉尾巴就成爲慣例。爲了使豬隻在最短時間內增重，於是他們被施打生長激素。當他們被送去屠宰時，因爲缺乏運動而衰弱的腿，爲了支撐沈重到不自然的身軀，有時竟然就這麼骨折，之後他們被一路拖行，痛得吱吱叫，不久就轉變成恐懼的叫聲。到過動物屠宰場的人告訴我，豬顯然知道即將發生的事，於是奮勇抵抗以逃過最後的一段路。

育種母豬被限制在狹小的個體棚內，窄到連迴旋的餘地都沒有。由於被剝奪所有表達自然行爲的機會，於是他們會咬任何咬得到的東西，之後他們放棄了，變得無精打彩，表現出一副像在「哀悼」的樣子。他們的頭低垂，眼神呆滯，等到即將臨盆時，母豬必須忍受身在「產房」的磨難，被迫躺在這金屬籠裡，既不能站也不能翻身，於是只能側躺著不動，才不會壓垮她心愛的豬寶寶。對自由的母豬來說，小豬仔是她的心肝寶貝，因爲那是她的親骨肉啊，她不會躺在自己孩子身上的，只有在狹小的豬圈裡，被剝奪用豬的方式養育自己的孩子——做窩、舔他們、讓他們沐浴在母愛中——這時她才會不小心壓到寶貝。但是，對工業式生產的農夫來說，豬寶寶的寶貝之處，只是潛在的貨幣價值罷了。

動物逃脫和被營救的故事

多不可思議啊，有些動物竟設法逃離屠宰場的折磨，這種事發生時經常登上頭條。上千人因爲讀過懷特（E. B. White）的《夏綠蒂的網》（*Charlotte's Web*），以及近期觀賞過開心的電影《我不笨，所以我有話要說》（*Babe*）後，於是對豬產生同情。但是，豬逃離苦難，從此過著幸福快樂的生活不只是幻想，一九九六年，兩隻後來被命名爲「日舞」(Sundance) 和「壯漢」(Butch) 的豬，從英格蘭威爾特夏 (Wiltshire) 的屠宰場逃出來，游過一條河，設法躲過捕捉達八天之久。這故事因爲吸引了大量媒體關注而登上頭條，也深深擄獲英國人民的心，戲劇性逃脫的新聞傳遍全世界，到了第八天，一家英國報紙付出一大筆錢買下這些豬，將他們送到某特殊救援隊去。

撲天蓋地的狩獵徹夜進行，參與的人包括警察、一位獸醫和英國防止虐待動物協會（RSPCA）成員、一隻獵犬和一隻米克斯犬。儘管大雨滂沱，但媒體也沒缺席。那裡還曾一度聚集一百五十位攝影師和電視臺人員，他們代表英國所有主要頻道與報紙，還有許多人來自歐洲、美國和日本。最後，「日舞」和「壯漢」被捕獲並被送進一處動物保護所，如今雙豬仍過著安祥的生活。據稱由於大篇幅報導加上許多文章提到豬以及他們的智慧和迷人之處，於是更多人放棄吃豬肉。他們把豬肉、培根、火腿，跟豬劃上等號！

名叫新奇‧自由（Cinci Freedom）、體重一〇五〇英磅的夏洛利（Charolais）牛，在跳過六呎高的圍欄，逃離俄亥俄州華盛頓營的一處屠宰場後，竟然有辦法躲過捕捉達兩星期之久。第一次企圖將她麻醉但卻失敗：工作人員想用繩子套住她，但她從高牆一躍跳到後院，路上還拖了兩個男人，於是她必須再次被麻醉，才可以被裝進卡車送到保護所，這故事也攫取許多人的想像，辛辛那提市長甚至決定頒給她城市之鑰呢！現在，她跟另一隻脫逃的牛過著寧靜的生活，這隻牛名叫昆妮（Queenie），她成功逃離紐約皇后區的屠宰場，她們兩位立刻成爲莫逆，喜歡替彼此梳毛，一起在鏡頭前擺姿勢。

當一隻注定成爲耶誕節大餐的火雞，從載著他前往屠宰場途中的卡車跌落時，在英國造成轟動。看來他是設法走了大約三英里的路，最後竟來到禽鳥保護所的大門外！（倘若他來自美國農場，那些油水超多、吃荷爾蒙長大的火雞，說不定拚老命也只能走個幾碼，而且當他跌落卡車時，骨頭八成就已經摔斷了。）然而，除了看起來「有一點灰頭土臉」，他情況大致良好。沒有一家火雞農場來認領，於是他就被一處動物保護收留，吃玉米等穀物，還被命名為泰倫斯（Terrence）。一開始他被安排跟飼養的公雞在一起，但之後他看上一隻叫賓斯（Bins）的眼鏡鴞，這就是他現在的生活。

牛肉：一段不爲人知的故事

在工廠農場裡飼養的肉牛，也同樣過著悲慘的日子，很多都被養在「圍欄」擠在狹小的圈地，遍地是爛泥和糞便，不然就是烈日當空地曝曬，冷天熱天都不好過。飼養在草地上、能在牛欄行動自如的牛，應該至少有過像樣的生活，但沒多久就是全體集合，接受殘酷的烙印和去勢，我讀到的敍述如此鮮明，甚至能感受並嗅到恐懼、燒焦的毛髮和肉、以及痛苦。之後全體被屠宰。

他們大多被趕入卡車或是火車的運牛車廂。前往屠宰場的這段路也許要花上好幾天，在這期間，儘管許多國家立法規定在指定時間餵食給水，但通常都沒有做到。跌倒的牛（被視爲「漏氣者」）很可能被踩死，否則就會被趕牛棒擊中，之後由於無法行走而遭到連拖帶拉，根本無視於斷腿的疼痛。接著殺戮開始。在此我不想描述，如果想知道這醜惡的事實，有多少隻牛想逃過所謂「人道」的電擊，在神智完全清醒之下通過裝配線，全都詳細地寫在《愛的十大信念》（*The Ten Trusts*）中。

難道沒有立法禁止類似的殘酷行徑嗎？當然有，法律規定每隻牛在被剝皮和肢解前一定要先失去意識，但在今日的農企業，時間就代表金錢，檢查員通常不准進入他們能看見違規的區域，他們的工作大多只是檢查是否有新出現的死去動物，看有沒有非法的糞便感染。因此，有關人道的規定很少被貫徹執行，以上記錄在蓋爾．恩斯尼茲（Gail Eisnitz）的《屠宰場：美國肉品業內部，驚人的貪婪、無知和不人道對待的故事》（*Slaughterhouse: The Shocking Story of Greed, Neglect, and Inhumane Treatment Inside the U. S. Meat Industry*）中，這是針對華盛頓州內美國最大屠宰場之一的暗中調查結果，豬隻和羊的飼養、運送和宰殺也猶有過之，雞、火雞和鵝被吊起來宰殺的裝配線也一樣殘忍。

亨利・福特的裝配線

一九〇〇年代初，亨利・福特在參觀過芝加哥一處屠宰場後，爲他的汽車生產裝配線製造模型，這方面的深思不光是具歷史意義而已。他觀察輸送帶上那些腿被綑綁，頭上腳下被吊在半空中的動物從一位工作人員來到另一位工作人員，每個人負責屠宰過程中的一個步驟。福特立刻明白，這是汽車業最完美的模型，於是創造出製造車輛的裝配法。

屠宰裝配線不光是有效率，而且提供工作人員在宰殺動物的整個混亂事業中，一種新的獨立性。動物被降級爲工廠產品，鐵石心腸的工作人員可以把自己視爲線上工人，而不是動物殺手。之後，納粹把同一套屠宰場模式，用在集中營的大屠殺上，工廠式的裝配線成了納粹軍官與殺戮劃清界限的一種方法，他們將受難者視爲「動物」，自己則是工作人員。亨利・福特這位反猶太的過激分子，不僅發展出稍後被用在猶太大屠殺（Holocaust）的裝配線方法，也曾公開讚揚納粹的效率，希特勒也對他美言一番。德國領導者將亨利・福特視為戰友，將這位汽車鉅子的眞人大小畫像，擺在他位於納粹黨總部的辦公室裡。

有人吃鹿肉，認爲吃這種活在野外，在獵人手中以乾淨俐落、光榮方式死去的動物，是合乎道德的行爲，但如今我們發現鹿等野生動物是爲了肉而被繁殖，擠在狹小的圈地裡，和傳統農場動物一樣，被迫忍受相同的工廠農場條件。人們吃魚，相信自己吃的是自由生活在大海或河裡的生物，也是一群感受不到痛的冷血生物。然而魚經常也是養殖的，當然也感受得到痛苦。關於水中的情形，我將用另一章的篇幅探討。

不怎麼滿足的牛

那麼，乳製品呢？酪農業的情形又是如何？雖然沒有人有十足把握，但一般相信牛是早在約八千五百年前，最先於東南歐被豢養的。從那之後，牛奶、奶油、乳酪和優格等乳製品，就成了全世界數以百萬計人口的主食。

直到人們對乳牛施打荷爾蒙，用人工方式提高產乳量，否則即使產量最豐的品種，乳房都還是合理的大小，當他們走進去等待擠乳時，牛乳的重量也不會使他們感到疼痛。當時的仔牛通常被允許跟媽媽在一起幾星期，小牛逐漸斷奶，而母親的每次擠奶量逐漸增加，所以乳牛從餵養自己的孩子到將牛奶給人類喝，之間經過平順的過渡期，即使斷了奶的小牛終究是成爲小牛肉的命運，但經常有空間跳躍嬉鬧，直到結束短暫的一生。

乳牛和仔牛的生活有多不相同，只要看現代歐洲和北美等「先進」國家的密集式工廠農場就知道。在許多類似的「農場」中，牛在出生後短短幾天就被迫離開媽媽，不曾有過腳下有青草的感覺。他們一輩子被困在狹窄廄欄裡的長條行列中，站在水泥地上被抽吸機擠奶，他們經常被餵食牛生長激素（Bovine Growth Hormone），好讓牛奶的產出量激增——有些牛每天生產高達一百磅牛奶——如此一來即使這些「牛乳大王」幸運到可以在田野裡，但他們的乳房腫脹得難過，當他們迫不及待走去接受擠奶時，漲大的乳房卻使他們寸步難移。乳房和乳頭動輒受到感染，但這些工廠農場往往沒時間應付這類微不足道（雖然非常痛）的小病，飼料裡添加預防性劑量的抗生素，應該就可以擺平類似的事情。

工廠農場上的牛通常每年被迫要生出一隻仔牛。牛跟人類一樣要懷胎九月，所以這種年度的生產排程，對母親來說是極大負擔。當他們還在為前一胎分泌乳汁之際，就再度接受人工授精，好讓他們在九月懷胎的七個月當中，身體依然在製造乳汁。強迫大量製造牛乳的牛生長激素，也造成仔牛的先天性缺陷。

小牛：你聽到的都是真的

不過，就算生小牛的過程一切順利，但是被粗暴的方式強行分開，仍舊令母親和孩子痛苦不已，我常聽到母牛和仔牛充滿憤怒的叫喚聲，如果他們聽得見彼此，可能一叫就是好幾天。仔牛亟需媽媽的乳汁和關愛，而母親則因為無法餵哺自己的心肝寶貝而備受煎熬，母的仔牛被養大來取代被榨乾的乳牛，許多公的仔牛則被養在擁擠的院落裡等著成為牛排，或者（幸運的牛）出生才幾天就被宰殺，以低等肉類被賣掉，被做成電視冷凍食品之類的廉價食品。當然，有些被做成小牛肉。

為動物權利積極奔走的人們，使今日許多人意識到這狹小的二十四英尺寬的「小牛肉棺材」。注定成爲「白」小牛肉的仔牛就被禁錮在這裡，他們無法舒服的躺下，甚至不能轉身，爲了使肉呈現饕客要求的白色，仔牛在過去幾星期的可憐生命中，被餵食不含鐵質的飲食，他們嚴重渴望礦物質，以致竟喝下自己的尿。到最後，經過十六到十八週的折磨，仔牛被拖離他們的監牢，他們的腿無力到連走都走不動。事實上，他們在前往被屠宰的路上，經常弄斷自己的腿。

科學怪食的誕生

同樣將動物視爲裝配線的產品，現在的科學家正七手八腳拿動物的ＤＮＡ做實驗，企圖製造出生長更快、能更快速獲利的個體。最近的基因改造生物是隻巨無霸的肉牛，名字叫做「比利時藍」(Belgian Blue)，這種龐然大物的肌肉多二十％（也就是說有更多牛肉可供販賣），體重爲四分之三公噸。這些可憐的公牛沒有骨密度來支撐自己的肉，幾乎無法站立或行走，也無法交配。這麼一來牛就必須經由人工受精，生產則採剖腹方式。科學家也製造出基因改造的快速生長豬，他們脆弱的腿，相較腫脹的身軀是如此之小，於是飽受關節疼痛之苦，寸步難行。基因改造的快速成長雞也容易罹患心臟病，他們的骨骼無力到一接觸就會斷掉，令人訝異的是，這些不幸的畸形動物，在被拿到美國超市或餐廳販售時，完全不需要被標示基因工程的字樣，唯一能確保你不支持這個產業的方法，就是購買經過認證的有機動物產品。

尊重古老契約

我們一定要了解：「經濟」是威脅農場動物福祉以及吃動物的人類健康的因素。在此同時，小型家庭農場的前途岌岌可危，因爲愈來愈多傳統農民無法和大型跨國企業沒有靈魂、機械性且不人道的作法競爭，最後只好放棄。後者想獨佔全球的家畜生產（一如第四章探討的，他們也試圖獨霸種子和作物的生產），因此，世界各地舊有的傳統方法正在凋零，自古以來，人類和服務人類的動物間行之有年的契約正在粉碎。

有鑑於此，了解仍有農民關心自己的牲口、尊重他們，並因而兌現古老契約，確實能夠振奮人心，英國農人唐納・莫特蘭（Donald Mottram）跟其中一頭乳牛黛西就是這樣的關係，只要他一叫，她一定會向他走去，於是其餘的牛也跟著走，有一天，莫特蘭遭到一頭新來的公牛瘋狂攻擊，莫特蘭被摔到地上，公牛趁機用角抵他，在他的背部跟肩膀上踩來踩去。莫特蘭因爲疼痛和驚嚇而昏厥，等到他恢復神智，看見黛西帶著其餘的牛群來了，想必是她聽見他的尖叫聲。他們圍成一圈站在他四周，設法把這隻凶神惡煞的公牛趕走，而這頭公牛還一再想攻擊這個傷者。當他步履蹣跚地回家時，牛群繼續圍在他四周保護。之後他被問到，爲什麼他認爲這群牛保護了他。

「是這樣的，」他說，「我合理對待他們，他們也以照顧我作爲回報，大家都說我的心太軟，但我相信善有善報。」就是類似的故事讓我們了解，一定要停止所有人類加諸這些溫馴動物身上的殘暴行爲。

美好生活、美好的牛

最近，我從荷蘭聽來這個令人欣慰的故事，讓我們想起乳牛能過怎樣的生活、以及應該過怎樣的生活。

「我們愛崔波爾究竟是因爲她很親近人，還是因爲我們動不動就抱她，她才變得那麼親近人？」荷蘭澤福德的史普特家族（Spruit family of Zegveld）沒有解答。

從任何角度看來，崔波爾都是一隻非常特別的乳牛，她樂於受關注也酷愛被拍照，她生產大約一二二五公斤（二七五磅）的牛奶，但是最特別的，就是她在二〇〇五年三月慶祝她的二十歲生日。

乳牛能活到二十歲，簡直就是史無前例。雖然一隻非乳牛的自然年齡或許可以高達二十五歲，但商業乳牛的平均壽命卻只有四到五年，即使在史普特家族的農場，最年長的乳牛也只有十歲。特勞斯（Truus）和西奧・史普特（Theo Spruit）用愛和關懷照顧乳牛，尊重他們的動物，彷彿他們是人類似的。他們發展出一套衡量標準，來防止心愛的乳牛發生不測，而這一切都從繁殖開始：他們繁殖的目的是生出一頭健康的牛，在一段長時間內穩定地產乳，而不是極盡產乳之能事。

「必須以如此高的產量產乳的牛就像是頂尖運動員，但通常這樣的牛年紀輕輕就已經被榨乾。」特勞斯表示。此外，挑選公牛的方式讓生出的小牛不能太重，以降低生產時的風險。農夫一家子也爲燕子提供築巢的地方，爲什麼呢？因爲燕子會抓蒼蠅，而蒼蠅可能傳遞乳腺炎（乳房感染）。此外，沙子散在光滑的地面，目的是防止乳牛跌倒受傷，從春季到秋季，牛兒都在外頭吃草，只吃少量的濃縮飼料。（畢竟，牛生來就是吃草的。）崔波爾幾乎等於吃素，最愛的是蘋果和草莓，由於牛群的健康飲食和生活方式，這家子的牛乳品質一流。此外，牛糞沒有我們所知高度密集酪農制度下的牛隻糞便那麼臭。十五歲那年，崔波爾生下最後一頭仔牛，兩年後功成身退，但是在牛群裡跟著其他乳牛一起吃草，使她變得體態過於豐腴，於是她得到一個專屬的圍場，安渡退休後的晚年。

6 農場動物：對人類健康的危害

工業的肉品工廠，無法在不違法的情況下，生產出每磅價格低於家庭農場的培根或豬肉塊。

——羅伯．甘迺迪二世（Robert F. Kennedy, Jr.），《違反自然的罪行》

現代的工業「農場」，對於農民一步一腳印累積的智慧不屑一顧——這些用實際行動守護地球，關心自己飼養的動物的農民。每個工廠農場只「生長」一種動物，這些動物被限制在極盡所能的狹小空間裡，被迫以最低成本最快速增重，以便最短時間內創造最大獲利。事實上，這些動物工廠是業界所知的「動物飼養業務」。

他們甚至不稱自己是農場

在這些「業務」中，動物吃的不是他們生來該吃的東西，通常是混合大量玉米，或許加上少許大豆蛋白的高熱量穀物。此外，把動物屍體磨成粉，加入牛飼料中以添加蛋白質成分，一直是慣用的手法。撇開疾病的問題不談，用動物製品飼養「牛」這種草食性動物似乎是荒謬的，更別說還強迫他們同類相食。

「玉米」和「大豆」也剛好是工業農場最常栽種的作物，通常在高劑量的化學肥料、殺蟲劑和除草劑之下生長。它們也是北美最常見的基因工程作物。由於強調快速生長，迫使許多動物吃非自然飲食（牛在放牧地遇到的唯一穀物，是偶一出現的草種子），這些食物通常被摻入化學物質、抗生素和荷爾蒙。因此，每次我們吃這些工廠農場生產的肉類或肉製品，等於是支持毒害土地、空氣和水、仰賴化學物質的農業，我們也正在危害自己和子女的健康，說不定連那些絲毫不憐憫動物囚犯的人，在瞭解到肉類除了有荷爾蒙和抗生素以外，舉凡種植動物飼料所用的殺蟲劑、除草劑和肥料等，到頭來也含在人類食用的動物製品中，不免也會憂心忡忡。事實上，動物製品中的殺蟲劑殘留物，濃度甚至高於植物類食品中的殺蟲劑殘留物。

屠宰場中的疾病

幾乎每個人都聽過大腸桿菌（E. coli O157:H7），這種經由牛糞傳播的致命細菌。在美國，每天至少有兩百人被通報感染大腸桿菌，然而衛生官員相信實際數字更高。追本溯源，多數案例是因爲屠宰和肉品處理過程不當，導致糞便接觸到肉所致。

照理說，美國農業部應該監督肉品處理的安全性，但它卻幾乎不懲罰企業草菅人命的違法行爲。二〇〇三年，美國農業部的檢查員在監督喬治亞州奧古斯塔（Augusta）的夏皮洛包裝工廠（Shapiro Packing）時，一再發現牛肉的切面上有斑斑牛糞的痕跡，檢查員也發現某批等著被運往公立學校的肉染上大腸桿菌，（政府補助的營養午餐，通常是把最廉價、最劣等的牛肉供應給公立學校。）但是，美國農業部只是寄發警告，僅憑著業者承諾清理工廠營業處所，就准他們繼續出貨。

食品藥物管理局估計，食物攜帶的疾病每年造成五千例死亡、七千六百萬例生病，（因爲我們不知道殺蟲劑、抗生素等肉類添加物的影響，因此這些數字可能還更高些。）

但是，政府對屠宰場處理程序的相關政策之鬆散，以致許多雜貨店和餐廳業者決定超越美國農業部的標準，以防自己官司纏身。在華盛頓州，大腸桿菌的爆發導致四名「傑克小丑盒速食店」（Jack in the Box）顧客死亡，從此這家漢堡連鎖店決定，只向例行進行大腸桿菌檢查（並非政府的規定）的肉品加工業者進貨，甚至派代表到供應絞肉的上游屠宰場做安全檢查。好市多（Costco）和麥當勞也採相同肉品檢查政策。

細菌

由於動物擠在如此密不透風且通常不衛生的營房，只要一爆發傳染疾病，傳播的速度往往非常快。雖然美國農業部堅持針對加工廠進行細菌性疾病的隨機檢測，但他們卻無法掌握所有被感染的動物製品。據估計，工廠農場裡的雞隻，有大約八成染上弧形桿菌（Campylobacter），二〇〇一年間英國屠宰的豬隻則有近九成五染上這種細菌，幾乎每四隻豬、雞和火雞就有一隻染上沙門氏菌（Salmonella）。有沒有人納悶，爲什麼這兩種細菌是最常見的食物中毒元凶？全世界有上千人罹患腹痛、腹瀉和發熱，最脆弱的族群——例如小孩跟老人，或免疫系統變弱的人——甚至可能喪命。

不少農場動物也感染耶爾辛氏菌（Yersinia），這種細菌一旦進入人體血流，可能造成皮膚起紅疹、關節疼痛和抽筋，痛到經常被誤以為是盲腸炎。所有難纏的細菌，在擁擠的工廠農場裡找到繁殖和散播的溫床。

病毒

接著是病毒。狂牛症又名「牛海綿狀腦病」（Bovine Spongiform Encephalopathy，簡稱BSE），這種致命的精神異常病症，從一九八五年開始傳遍英國牛群，它來自餵養牛的動物性製品——其中包括「倒地」動物（跌倒的動物，經常有斷骨，無法被人類食用）磨碎的肉。

當人們吃到感染狂牛症的肉，可能罹患庫甲氏症（Creutzfeldt-Jakob disease）的致命疾病——一種發生在人身上的精神異常症。目前，聯邦食品藥物管理局禁止畜牧業者以死牛的肉、牛血和雞廢料來餵食牛群，但這種規定卻難以監控，儘管國際間不遺餘力想遏止狂牛症，但近來加拿大、美國和中國大陸還是出現疫情。

新的鳥類流行性感冒（所謂的禽流感），在東南亞各地過度擁擠的工廠農場快速傳播。香港傳出人類發病的第一宗案例，但自此以後九個亞洲國家也陸續爆發疫情。截至二〇〇五年五月，五十三人受到感染，其中二十一人死亡。最令人憂心的是，設法跨越品種障礙的病毒，遲早會突變成禽流感新的潛在致命形式，屆時將會是人類的浩劫。許多科學家相信，禽流感可能超越 HIV-AIDS，成爲最大的健康威脅，很快即將發展成全球大流行。

荷爾蒙

牛生長激素是爲了使牛快速增肥，但也造成痛不欲生的乳腺感染。跨國化學公司孟山都，生產「保飼」（Posilac）這種被廣爲使用的牛生長激素，該產品還附有可能導致多種副作用的警語，像是乳房腫大和乳腺感染等，後者會傳遞膿或死細菌，於是白血球進入牛乳，造成不好的口味和不討喜的顏色。有時候，工廠酪農會把乳腺受感染的牛所分泌的乳汁，跟正常牛乳混在一起，如此受感染的牛乳那種讓人退避三舍的味道和顏色就會被稀釋。美國法規容許牛乳的膿細胞濃縮物含量，要比世上任何國家的規定來得寬鬆，幾乎是國際含膿標準的兩倍。

照慣例將生長激素打進農場動物的體內，也跟人體雌激素的累積有關。有些科學家相信，這也是出現一些生物怪現象的原因，像是女孩子突然變得早熟，以及男性精子數不斷減少。這些激素也經由動物糞便進入水道，且與魚類發展不正常性徵有關，好比除草劑的草脫淨（atrazine）（譯註：又譯爲莠去津），就跟青蛙的性器官嚴重畸形有關。

加拿大的研究顯示，施打 rBGH（基因工程的牛生長激素）的牛，因爲健康因素而從牛群中被剔除的機率高達二十%，這大概是因爲在最初被施打額外劑量的抗生素的緣故（這還不包括富含抗生素的飼料呢）。

多數美國消費者大概不知道，歐盟、澳洲、紐西蘭和加拿大都禁用 rBGH，近來聯合國的食品標準委員會（Codex Alimentarius Commission）拒絕核准它的使用，這是代表一〇一個國家、負責食品安全的組織。這麼多工業化國家禁用之際，美國卻准許將 rBGH 用來生產牛乳，似乎是件奇怪的事，如果這種荷爾蒙遭禁用，將使孟山都現賠數十億美元，於是這家公司控告有機牛乳製造業者，在牛奶上標示「不含 rBGH」的字樣，孟山都和美國食品與藥物管理局聯袂聲稱，這麼做會「誤導民眾」。

抗生素抗性

有個令人憂慮不已的事，就是把抗生素加進動物飼料的慣用作法。抗生素之所以照慣例被注入農場動物有兩個理由，一是使經常病懨懨的動物，不會因為不健康的飲食和生活在過度擁擠、充滿壓力的狀況下罹患疾病；另一個理由是，由於小劑量的抗生素似乎能加快動物的生長速度，每年有數以百萬磅的抗生素被餵到家畜嘴裡，那幾乎等於人類治療疾病的八倍用量。由於動物習慣性接受施打，因此許多細菌已經對現代醫學相當倚重的抗生素產生抗性，如今被當成預防藥餵給動物的抗生素，已經進入人類的食物鏈，因此人體正以空前速度，對四環素、紅黴素和環丙沙星（ciprofloxacin）（治療碳疽菌用）等愈來愈多抗生素產生細菌抗性，然而過去這些都是被認為應該能治療所有細菌性疾病的。

禽類工作者已經感到抗生素抗性的影響，雞隻處理在美國被歸類為最危險的工作之一，因為來自排泄物的有毒氣體，加上從業人員會被受驚嚇的禽鳥弄傷。但是，如今抗生素抗性讓通常領低工資、有時是移民從業者更添一層風險，因為這些人通常不清楚自己的權益，而且從來不敢奢望獲得健康保險。唐納・羅斯（Donald Ross）曾在維吉尼亞州的某養雞場工作，他替雞隻稱重、在屠宰室用手持式的刀子殺雞，之後把雞掛在鉤子上。二〇〇四年春的某一天，羅斯不小心用刀劃破左手中指，這種刀傷一般會在短時間內痊癒的，結果他的手指卻腫到高爾夫球的大小。替羅斯治療的醫師認爲，他的感染是由工廠裡的雞身上一種具抗藥性的細菌所造成，使用抗生素幾個月卻治不好感染，最後醫生必需將他手上的膿瘍切去。羅斯對刀傷的極端反應以及對抗生素的無反應，促成一項公共衛生研究的展開，這項研究針對契沙比克灣（Chesapeake Bay）地區的雞隻處理業者，進行抗生素抗性的測試。

於是現在出現劇毒的「超級蟲」，除了使用最新、最強的抗生素外完全莫可奈何，沒多久，再多的藥將再也不管用，無論是對農場動物，還是對人類。已經有不少人，在像唐納受到的小小皮肉傷導致新型態細菌感染而死亡，這種細菌傳遍全身，對心急如焚的醫生嘗試的任何抗生素無動於衷，而且這些人並非都和工廠農場有關。科學家也設法超越這種具抗性的菌株，當細菌連這些抗生素都產生抗性時，等在前面的將會是一場夢魘。在邁可・史耐爾森（Michael Shnayerson）和馬克・普拉金（Mark J. Plotkin）合著的《暗藏的殺手：抗藥細菌的致命崛起》（*The Killers Within: The Deadly Rise of Drug-Resistant Bacteria*）中有生動描述，即使歐盟終於禁止對牲口例行性施用抗生素，但美國政府仍繼續大力支持這項有利美國肉品和製藥公司的高獲利政策。

動物排泄物：汚染循環

過多而且集中的動物排泄物，在許多方面傷害我們的環境，製造使全球暖化的溫室氣體，使酸雨問題惡化，進而汚染水道和海洋，並帶來可怕的「臭氣汚染」。

前面提到在小規模農場中，牛、豬和母雞在草地上吃草、漫步，他們的排泄物爲農場的生態系統提供天然肥料。但是工廠形式的畜牧業，上百甚至上千動物擠在狹小的空間，難免製造出超過農場土地所能自然吸收的糞便，美國農場動物的排泄物，估計比人類排泄物多出一百三十倍，但不同於人類排泄物的是，工廠農場的排泄物並不經過廢水處理廠。

凡是倒過垃圾，清理過髒尿布桶的人，都很熟悉動物排泄物中大量的阿摩尼亞，想像當很多動物被養在狹小空間，阿摩尼亞的濃度會有多高，除非通風良好，否則室內養禽場累積具揮發性的阿摩尼亞確實會傷害人和雞的眼睛。位在契沙比克灣附近的工廠式養禽場，每年將數百萬公噸被阿摩尼亞淹沒的排泄物倒入脆弱的水道，高氮氣的阿摩尼亞成爲藻類的養分，所以在一年當中的特定時間，這些藻類會大量增生而形成「死亡區」，所有魚類或植物無一倖免。根據最近一次的調查，契沙比克的死亡區佔底層水的百分之四十，也是全國最大的死亡區。當然，這個狀況並非契沙比克特有，只要有密集的動物農場，就會有死亡區和魚類中毒事件。墨西哥灣有廣大的死亡區，部分是因爲動物飼養業者的排泄物外溢所造成，二〇〇二年計有八五〇〇平方英里，面積約略和以色列相當。

養豬業是個大事業

豬，美國最受歡迎的肉品，每天製造的排泄物比人類多十倍。現行的聯邦法規規定工廠農場——或是受限的動物飼養營運處所——的糞便，只需要被放在「夯實黏土阻水層」（compacted clay）的「池塘」，這種物質會隨濕度伸縮，過程中可能爆裂，之後液體糞便直接溶濾到地下水、水井和水道。雖然有幾州的政策比較嚴，但許多管理機關卻很難監控池子的變化，有些機關連特定飼養場有幾個池子都很難追蹤，遑論池子的品質。

臭不可耐的排泄物，對人類和動物的健康造成重大危害。羅伯・甘迺迪二世在他的著作《違反自然的罪行》(*Crimes Against Nature*) 中，形容它是「巫婆用將近四百種毒物釀造出來的東西，裡面有重金屬、殺蟲劑、荷爾蒙、致命殺蟲劑，和十幾種致病病毒和微生物。」美國海岸的水域爆發之前不明的微生物「紅潮單細胞原蟲」(Pfiesteria piscicida)，幫兇似乎就是豬的排泄物。這種微生物是所謂「來自地獄的細胞」，可以殺死數以百萬計的魚。據估計，一九九一年在爲期六星期當中，北卡羅萊納州紐斯河 (Neuse River) 有十億條魚被紅潮單細胞原蟲殺死。它也會影響人類，造成「無法治癒的膿瘍病變、嚴重的呼吸道疾病，並造成魚類加工業者或游泳者的腦傷害。」此外，在工廠農場中，餵給動物的抗生素有高達二十五%至七十五%隨大小便排放出來，於是細菌趁機發展出對這些抗生素的抗性，研究顯示在某處田地土壤中自然發現的細菌，有二・一%對兩公里外某處飼養場使用的抗生素具抗性。

一九九九年，當佛洛依德颶風的地形雨重創北卡羅萊納州時，豬的排泄物成爲當地的重大議題。除了十萬頭溺斃豬隻的腐屍造成的污染，臭氣沖天的糞水從控制的潟湖外漏，直接湧入地下水和河川，棕色髒污綿延數英里，污染南部沿岸的飲用水，最後將毒排進大西洋。

即使天候條件正常，來自工業養豬業者的糞便仍是美國河川和水道污染的頭號威脅。這些農場的惡臭具無比威力，令人厭惡到嚴重頭痛和噁心，導致住在附近的人家被迫在一年當中的絕大多數時間都得待在室內。氣體的殺傷力之強，工作人員竟然因爲掉進化糞池而死。

「豬男爵的事業模型是根據一項假設，就是他們可以用不當方式影響負責執行的政府官員，而不因爲這些罪行遭到起訴。」甘迺迪寫到。他相信，肉品製造業者「刻意將肉品工廠設在貧窮和少數人種社區，以壓迫對手屈服並保持緘默，他們騷擾鄰近農民不得抱怨氣味或水污染，也不許參與公聽會。」不幸的是，這些企業有的是錢和政治資本，來忽視爲保護珍貴地球而制定的標準（或重新制定），他們甚至滲透入州立法機構，諸如愛荷華、北卡羅萊納和密西根等州，已經取消當地官員的決策力，如此豬工廠就不會被衛生官員從某個區域除名。

而這些人即使抗爭，卻請不起律師爲社會正義奮鬥。所以羅伯特・甘迺迪就決定挑戰位於北卡羅萊納州史密斯菲爾德（Smithfield）的養豬設施。最後，他和史密斯菲爾德四處地點的官司終於勝訴，他們在未經許可下，將養豬場的有毒排泄物傾倒到土壤，然而許可規定排泄物要先經過處理，確保不對環境或公共衛生造成風險，當甘迺迪以忽視規定和違反淨水法案（Clean Water Act）的罪名對他們提告，這時史密斯菲爾德主張其應該和小型個體戶農場一樣，被給予相同的豁免權，但這項主張卻未被接受。這對甘迺迪而言似乎是重大勝利，然而一群有力的豬產業領袖、律師和說客卻齊聚一堂，爲鑽法律漏洞共商對策。他們草擬了一套新規定，之後透過一流的政治操作，說服環境保護局採用類似史密斯菲爾德團隊準備的新規定，將淨水法案中嚴格的環境保護刪除。史密斯菲爾德或任何肉品業者，再也不用爲農產品的排泄物負任何法律責任，而肉品業者也再不必監控地下水的污染程度。甘迺迪指出，淨水法案命運乖舛，原因在於容許企業不負責任的政治環境。令人難過的是，政治界似乎不怎麼想關注人類健康的議題，並執行環境永續的農業。

叢林肉：吃野生動物的危險

「張羅食物」一直是世界各地鄉間生活的一部分，非洲雨林區的居民早在人類歷史出現曙光時就獵取肉食，數百年來和森林和睦共處，採取生存狩獵的方式。換句話說，只殺死足以養活家族和村民的動物數量。

然而，今日世界各地「叢林肉」的商業交易規模如此龐大，以致於動物幾乎已經被吃到瀕臨絕種的地步。瓦德容紅疣猴（Miss Waldron's Red Colobus）這種紅黑相間的美麗猴子，過去成群生活在西非洲的雨林天篷下，如今已被官方宣布爲絕種生物。如果不趕緊制止買賣瀕臨危險物種的叢林肉，那麼包括大猩猩、小黑猩猩和我最愛的黑猩猩等大型猿類動物，未來十年內將從剛果盆地的廣袤森林中消失。

多數人驚訝地發現，數以公噸計的叢林肉（經常是羚羊，但猴子也有）被從非洲運到歐美，多數用來滿足海外非洲社群的文化偏好。短短一年內，光是希斯洛機場（Heathrow Airport）一地的海關人員，就扣押超過十四噸的非法叢林肉。除了猴子和羚羊外，他們也發現食蟻獸、蝙蝠，以及烏龜那小小的煙燻腿。

受到絕種威脅的還不光是非洲野生動物，在南非和亞洲各地，多種哺乳動物、爬蟲類和兩棲動物遭獵捕後被當做食物販賣。鳥類更是以成千上萬的數量被殺，在中南美洲，隨著獵人逐漸往森林的深部滲透，最先遭殃的會是鳳冠鳥、喳喳雉和冠鴩（全都是火雞般大小、美味可口的大型鳥類），至於印度、中國、義大利、西班牙、法國、希臘和賽普勒斯等許多國家，也捕殺鳴禽做爲食物。二〇〇三年，法國環保人士試圖說服歐洲法院禁止在野鳥築巢、哺育和繁殖期間進行獵殺。令人震驚的是，他們的呼籲竟然失敗，不過法院倒是規定狩獵必須接受監督，且只有幾種特定鳥類可以被獵殺。無數多被捕捉到瀕臨絕種的魚類，也被認定爲是水中的叢林肉。

SARS、HIV、伊波拉（EBOLA）：人類健康與叢林肉

叢林肉的交易不僅使許多物種面臨絕種威脅，在某些地方也直接影響人體健康。目前有充分科學證據顯示，HIV-AIDS的大流行，源自人類感染到黑猩猩攜帶的反轉錄病毒（retrovirus），亦即黑猩猩的猿愛滋反轉病毒（simian immunodeficiency retrovirs），這種病毒不會顯現病徵，只要留在主要宿主體內就完全無害。然而在某個時點上，它卻跳越所謂「品種障礙」（血液、免疫系統等的差異，使狗不會罹患天花，而人不會罹患瘟熱症）進入人體，然後突變成爲HIV反轉病毒進而導致愛滋病。這種情形發生在非洲兩個不同區域，因此有了HIV-1和HIV-2，那麼，這種病毒究竟是如何從黑猩猩跳到人類身上的？情況顯示可能是叢林肉狩獵的結果，因爲人們在宰殺動物來販賣的過程中，受到被感染個體的血液汚染，而這也就是「割傷獵人」（cut hunter）理論（譯註：獵人的血液接觸到受感染的靈長類）。

近來，SARS病毒可能造成的大流行引起世界震驚，這種病毒來自果子狸（類似貓鼬的動物），在中國被視爲上好的肉。許多賣家飼養果子狸並在市場販賣，那裡的條件既不衛生又不人道，從這些業者身上發現對這種病毒累積抗性，應該就是之前染上SARS的結果。

二〇〇五年，報紙報導安哥拉發現新的類伊波拉（Ebola）疾病，奪走了一一二條人命，其中三起死亡和兩起生病的案例是在露撒卡（Lusaka），也是爆發這種疾病的剛果邊境交界省分。很多人推測，這和熱絡的叢林肉買賣有關。

愈來愈多人買賣野生動物作爲人類食物，對人體的潛在健康危害著實驚人。遏止叢林肉的宰殺和食用，最好的方式之一就是激起人們對動物本身的憐憫。有些活動教導兒童更了解並且重視野生動物。位處剛果盆地的國家，一些非政府組織（NGO）爲學校提供這項課程。許多非洲文化高度尊敬猿類，並對食用猿肉表示不滿。所以當地村民、獵人和年長者被鼓勵將當地的猿類（及其他動物）傳說整合到課程中，珍古德協會專爲年輕人開設的根與芽計畫（Roots & Shoots），正和「搶救大型猿類計畫」（Great Ape Survival Project, GRASP）、「人猿同盟」（Ape Alliance）和黛安弗西大猩猩基金會（Diane Fossey Gorilla Fund）等團體，共同培養喜愛並想保護大型猿類等動物的新一代公民。

在叢林肉的貿易中心「剛果不拉柴」（Congo-Brazzaville），珍古德協會正照顧一百多隻黑猩猩孤兒，多數的母親都被宰來吃了。人們指控我們說，這麼做是在「浪費錢」，因爲這筆錢原本可以更妥善運用，來保護野生黑猩猩及其消失中的生境。但是好多當地人尤其是小孩在參觀過庇護所後，臨走前表示絕不再吃黑猩猩的肉。有些人說，他們絕不再去提供類似食物的餐廳等地，因此黑猩猩孤兒其實是大使，爲防止同類絕種盡一份心力。

7 幫農場動物過更好的生活

國家及其道德進步的偉大程度，可以用它對待動物的方式來判斷……我認爲，生物愈是無助，就愈有權接受人類保護，遠離人類的殘酷。

——甘地（Mahatma Gandhi）

關於前幾章所描述的殘酷行徑和對健康的危害，我們究竟能不能做些什麼？當然可以。首先，我們必須讓更多人知道眞實狀況。即使現在，儘管動物權利擁護者的揭露，多數人對日以繼夜發生在視線外的苦難仍一無所知。不幸的是，他們往往寧可不知道。「我太敏感了，」他們告訴我。「我愛動物，光是想到他們受苦，就讓我受不了。請別跟我說了。」但是，唯有了解完整的恐怖詳情，我們才會做些事來改善動物的生活，我們絕不容忍消極不作爲，眼巴巴看著農業的悲憫之情消失，將我們的頭埋在沙子裡，繼續過著如常的生活。

人們愈是察覺到動物的苦痛，就愈覺得自己非盡一份心力不可，幸好有些人代表農場動物發出一些具影響力的聲音，參議員羅伯・比爾德（Robert Byrd）強烈主張改善美國動物屠宰場的條件，這值得贏得所有讚許，他於二〇〇一年七月向美國參議院發表劃時代的演說，斥責大眾認可屠宰場對供食用動物施加野蠻的殘酷行徑，並要求美國農業部採取措施來終結殘酷。他直指動物正在受苦，呼籲「尊重所有生命……並給予所有生物人道對待。」參議員比爾德是不折不扣的人道主義者，不怕讓他的觀點爲世人所知。我向他致敬。

阿諾・史瓦辛格（Arnold Schwarzenegger）州長，讓加州率先對飼養做鵝肝醬的鵝和鴨的恐怖苦難盡一份心力。二〇〇四年，他簽署一項法律，禁止以外力強迫將禽類的肝臟，擴大到「超過正常大小」。這項法律通過後，動物救援組織「農場動物庇護所」（Farm Sanctuary）舉行慶功宴，請來知名的愛護動物人士發表談話，例如在電影《我不笨，所以我有話要說》中，飾演滿臉皺紋的農夫詹姆斯・克隆威爾（James Cromwell），他們幫忙端餅乾和「假肝醬」（faux gras），這種受歡迎的全素肝醬，是用豆腐、素肉、扁豆所做成。

另一位名人瑪麗・泰勒・摩爾（Mary Tyler Moore），是美國數一數二的動物權益活躍分子，她堅持農場動物必須停止受到「生產工具」的待遇。她是農場動物庇護所「有情眾生運動」（Sentient Beings Campaign）的榮譽主席，在世界各地爲許多無法替自己發聲的動物代言。

不過，我們需要的不光是影響力人士的聲音，而得是每個人的聲音。每個人都可以做些改變。在將一百萬人簽署的請願書送到歐盟後，政府領導人終於承認農場動物是有情眾生。換言之，歐洲十幾國很快會禁止像是生產鵝肝醬、在小牛棺材中飼養小牛等不人道的農業方法。目前聯合國正關注這個日益壯大的運動，近來並發表幾份報告，認同農場動物具備有情權利（sentient rights）（譯註：認定動物與人同樣具喜怒哀樂的感受力，因而需保障他們在這方面的權利）。人類每天以緩慢但堅定的速度，爲改變世界盡一份力。

運用你的消費者力量

雖說持續對政府施壓，要農業和工廠農場爲自己造成的傷害承擔更大責任，一直是個不錯的想法，但是把焦點放在眞正行銷動物產品的人身上，應該會更有效。想像如果每個關心的人都打電話、寫信，或者和沃爾瑪（Wal-Mart）、溫蒂漢堡，或肯德基炸雞等肉品採購大戶的店經理交談，讓對方知道自己的擔憂，這將會爲地球帶來多大的改變。無論事業做得多大，除非消費者繼續購買，否則將無法風光下去。

消費者的需求，使得愈來愈多乳品、雞蛋、家禽、豬和牛的農夫和漁夫，專心朝向動物的身心健康、地球永續性，以及顧客滿意的笑容而努力。現在我們隨便到一家雜貨店，都可以找到用人道、安全與對環境無害（或幾乎無害）的方式飼養的動物產品。

假如你不相信消費者有足以移山的力量，請記住一件事：當初就是因爲顧客施壓，麥當勞才要求供應商逐步停用含抗生素的生長促進劑。雖然這項政策無法杜絕工廠農場對抗生素的依賴，（產業還是需要抗生素，來治療因爲飲食不良和不衛生、過度擁擠所造成的疾病），但至少是朝正確方向前進一步。二〇〇五年，俄勒岡州的提拉木克乳品協會（Tillamook Creamery Association），接到顧客對牛生長激素如排山倒海的詢問與抱怨，於是強迫所有酪農捨棄使用孟山都的「保飼」，如果有愈來愈多消費者表達關切，我們很快就會看到顯著改變。

要餐廳負起責任

我們可以把自己的擔憂讓餐廳知道。當我母親凡安聽說為了製造小牛肉而對小牛施虐，她立刻停止訂購維也納肉排（Vienna schnitzel），即使這一直是她的最愛。（在她吃素之前。）就是像她這樣的公眾壓力、失去現有和潛在顧客，以及抗議者到餐廳外遊說，才改變成千上萬小牛的命運。就連繼續吃小牛肉的人，都懂得要求「粉紅」小牛肉。換言之，沒有被養在狹小的箱子裡，被剝奪鐵質的小牛。

在美國，顧客的壓力導致四百多家餐廳簽署不提供鵝肝醬的誓約。此外，荷蘭舉行一項重大運動，讓民眾對製作這道佳餚背後隱含的虐行有更高的覺醒。同意不再提供鵝肝醬的餐廳門上貼著活躍分子的簽名，使得關心動物福祉的人，更容易決定用餐地點。

跟你的雜貨店老闆聊聊

我跟母親凡安說到母雞的電池農場時，她當時即將邁入八十歲。她嚇壞了！於是下次她到我們家鄉波茅斯最大的超市之一時，會尋找標有「自由放牧」（free-range）字樣的雞蛋。結果她沒找著，於是就問一位年輕助理，店裡有沒有這樣的東西。

「什麼是自由放牧雞蛋呐？」女孩問道。我母親解釋說，生這種雞蛋的母雞可以到處跑，還能刨土。「母雞不都那樣嗎？」助理問。於是我母親又解釋電池農場、小小的牢籠、除喙，以及血是如何從被切除的喙汩汩流出等等。這位小姐一副嚇壞了的樣子，這時有一小群顧客聚在外圍聽。

副理被叫來。他帶這位找麻煩的顧客進他的辦公室，這時凡安又把事實陳述一遍。之後那星期，以及在那之後的好幾星期，那家店就販售自由放牧的雞蛋，於是我母親就到其他店故計重施。這件事告訴我們，一個下了決心的人能做多少事。當這股力量倍增，我們就開始看到眞正的改變。

現在已經有改變了。如今在英國、歐洲大陸和北美洲的多數超市中，不僅能輕易買到自由放牧的雞蛋，也買得到有機生產的自由放牧雞蛋，和有機雞、牛肉和豬肉。還有牛奶。每次我們買一樣有機的乳製品，等於是朝著改善乳牛生活又往前一步，因爲有機牛乳認證的要求之一，就是牛在一年中至少有部分時間必須接觸牧草。我們買的每一品脫有機自由放牧牛乳都可以製造一點改變，幫忙將牛從受虐的禁錮生活，和牛生長激素駭人聽聞的副作用中解救出來。同樣地，購買有機的自由放牧奶油、乳酪和優格也是，(另外，當我們向人道對待動物的業者購買動物製品時，不僅幫助善意的農民，也幫助環境和自己的健康。)

有個傳奇故事，是關於世界最大有機和自然食品雜貨商「全食超市」的創辦人兼執行長約翰・麥凱（John Mackey）。有一天，動物權益團體 Viva!USA 的代表蘿倫・歐內拉斯（Lauren Ornelas）來找他，向他申訴「全食超市」販賣的「即可煮」鴨子，是受到不人道待遇。一開始麥凱被她的申訴弄得不太高興，當時他的雜貨連鎖正打算盡力消除肉類和海鮮中的化學毒物和荷爾蒙，她到底還想怎樣？但是歐內拉斯既有一副三吋不爛之舌又很堅持，於是麥凱終於決定好好思考她的憂慮。

他花了三個月教育自己有關工廠農場動物受到的待遇，結果他的自修改變了「全食」的肉品採購方式。如今這家雜貨連鎖，只向尊重動物，並容許動物在被宰殺前擁有「有情權利」的供應商購買動物產品，這也意味著過去九年來一直把鴨肉賣給「全食超市」的供貨商必須做些改變，全食才願意繼續銷售它的產品。於是這家供應商停止修剪鴨喙，甚至建了一座特殊的池子，讓鴨子在有生之年有機會游水。這次的自修也改變麥凱的生活，他開始吃全素，不再吃任何動物類食品，包括乳製品在內。

我於二〇〇五年初和約翰・麥凱見面，我們約在倫敦一家素食餐廳用餐，同時討論跨國企業經營畜牧業的悲慘的狀況。當然約翰的「全食超市」正在改變，愈多人在他的店購物，他就愈成功，而其他店也會以更快的速度仿效。

小心閱讀標籤

當你購買「認證的有機」動物產品時，就獲得合理保證你即將吃下肚的肉品、雞蛋或乳製品，來自沒有餵食荷爾蒙、抗生素和動物副產品的動物。飼養這些動物的飼料，也必須是不含合成殺蟲劑和肥料，或是未經基因工程或被游離輻射。多數情況下，「認證的有機」標籤也保證動物是「自由放牧」，亦即這些動物被准許接觸新鮮空氣、做運動、吃牧草。

不過，標籤也可能騙人，所以要仔細研讀。舉例來說，光是「自由放牧」而沒有有機的標籤，不見得是「有機」的。「無添加荷爾蒙」可能只是唬弄人，因爲這並不表示不使用抗生素、殺蟲劑等化學物質。例如工廠農場的母雞有時被施打化學染料，讓蛋黃出現自由放牧母雞在照射陽光下才出現的「自然」黃。此外要留意諸如「全天然」(all natural)等意義不明確的標籤。

購買用青草飼養的動物製品

永續畜牧業有個前途看好的趨勢，就是回歸古老的太陽能系統，讓動物從牧草取得養分。由於用青草飼養的牲口能夠獲得自然食物、新鮮空氣和陽光，因此他們通常遠比工廠農場的動物健康。少了擁擠的壓力，他們比較能抵抗疾病，因此不需要施打在工廠農場動物身上的那些抗生素等強化劑。

只要牛群相對於被分配到的空間來說不會過大，放牧的牛可以防止樹木和灌木佔地爲王，有助維護草原。當從栽種作物的田地——尤其是單一種作物的田地——還原成草原，這時將減少高達九十三%的土壤侵蝕，牛蹄在踏過草地時也幫助傳遞種子，再者牛糞也是土壤的肥料。有愈來愈多農民採「綠色放牧」(green grazing)或「適度放牧」(conservation grazing)，這種土地管理的型態，目的是將玉米和大豆田恢復成牧草地。幾位農民甚至在大草原的某幾部分牧養水牛。

當然，如果美國人口繼續成長，如果人們繼續要求高肉類的飲食，最後將沒有足夠草地來養活美國的一億頭牛，更別說還有其他農場動物。此外，對其他國家提出進一步要求會是極不道德的行爲，爲了製造牧草供牛食用，已經毀壞了大片的巴西熱帶雨林。因此，爲了環境也爲健康著想，肉食者最重要的決定就是只吃很少量的肉，一定要減少目前貪婪且無永續精神的肉類過度消費，而這也已被世界許多國家訂爲規範。

餵食青草的動物對人體健康的好處

很少人意識到，吃牧草的動物的肉對人體健康有哪些好處。比如說，用餵食青草的動物製作的肉或乳製品，無論是飽和脂肪或者壞膽固醇都比較低，而且含有較高的維生素E和有益的 omega-3 脂肪酸——多數人從亞麻子油、魚油補充品，或者野生鮭魚取得這種物質。根據夏威夷大學的研究，用牧草餵養的牛，肉中所含的 omega-3可能是飼養場牛肉的六倍之多，用牧草餵養的牛，肉和乳製品所含的「聚合亞油酸」（conjugated linoleic acid，簡稱CLA）也高出六倍，英國的布里斯托大學（University of Bristol)、康乃爾大學、賓州州立大學和猶他大學的研究顯示，聚合亞油酸減緩某幾類癌症和心臟病的進展。

不過，餵食草的牛肉不見得軟嫩，但不同於玉米飼養的動物那種整齊畫一的滋味，以草餵食的肉類和乳製品，在味道上往往有些許差異，他們彷彿代表自己吃下的各種青草和香草，以及其他生活在較自然、自由放牧生活的微小差異。

中部平原區有幾位牧場主人開始飼養美洲野牛——通常稱爲水牛。水牛肉是最有益人類健康的肉類之一，這點應該是正確的。吃草的水牛肉質富含必需脂肪酸，以及恰到好處的 omega-3 相對 omega-6 的比重，水牛肉含有大量聚合亞油酸（也可以降低體脂肪並提高肌肉群），此外它是九十八％不含油脂，而且蛋白質含量高於牛肉三十五％，水牛含有高量維生素和鐵等礦物質，而胡蘿蔔素也兩倍於餵食穀物的肉類，水牛肉的脂肪和膽固醇也低於雞肉、火雞或者大比目魚。更驚人的是，多數肉食者因爲每週攝取四到五次、每次五盎司以草餵食的水牛肉，半年內低密度膽固醇

（LDL）竟然減少四十％至四十五％之多。水牛也是陸上哺乳類動物中，唯一不會罹患癌症的動物之一，他們甚至帶有一種預防癌症的酵素。

支持做對的事的農民

喬治・維考維奇（George Vojkovich）在史卡吉特河牧場（Skagit River Ranch）耕種，這座牧場位在華盛頓州西北角遠端一處富饒的農業山谷裡。他大半輩子做的，正是今天多數農民在做的事：他向「農藝中心」購買化肥和殺蟲劑等農業用品，而那裡的老闆當然就是化學公司，農藝中心的職員總是有「剛好合用的化學物質」，來改良土質並消滅昆蟲、害蟲等。

有一天，這位四十四歲的農夫開始出現心律不整現象。在住院並服用薄血藥後，喬治心想自己來日無多，但他的醫生告訴他，這類心臟問題根本是家常便飯，相信是因爲暴露在有毒化學物質的緣故。「只要丟掉這些化學物，就能擺脫一切問題。」

首先，喬治轉向有機飲食。他的心臟問題也使他和妻子艾可停止在土壤施用化學物質，他們決定讓農場擁有最健康、最營養豐富的土壤。經過七年的密集堆肥，土壤和草地具備足夠的有機肥供養農場動物，最後取得美國農業部的有機認證。

史卡吉特河牧場就像昔日農場，聚集許多牛、豬、雞，這些動物都可以跟喬治的農場工人和家人有許多友善的接觸，包含他九歲的女兒在內，這個小女生對豬情有獨鍾。現在所有動物都是用牧草飼養，輪流吃著牧場上代代相傳的有機青草，當動物在田地輪換時，喬治就跟在他們後頭栽種黑麥和三葉草，不過他也種少量的有機蘿蔔和蕪菁，只因爲豬喜歡尋找這類營養豐、味道佳的佳餚。相較工廠飼養的同類，喬治的動物比較長壽，因爲他們可以散步跟運動，而且沒有被施打荷爾蒙和抗生素來加速生長，所以他們成熟所需的時間，是工廠飼養動物成熟所需時間的兩倍。

多年不使用化學物質耕種，喬治不再有不正常的心律問題，健康也有顯著改善。經過幾年和土壤與動物建立更親密的關係後，其他了不起的改變也跟著發生。喬治農耕法的最極端改變是宰殺時機，美國農業部認證的有機「屠宰場」（移動式拖車）來到他的農場，如此他的動物就不必忍受舟車勞頓的壓力。更了不起的是，現在喬治會在動物被宰殺前，給他們來個臨別祝福。

「幾年前，如果你問我會不會在宰殺動物前禱告，我會嘲笑你。」喬治說。「但是現在我了解，動物、人類、植物，全都是地球的一部分。我們都是整體的一小部分，而且這個整體比我們所能想像的要大得多。」

那麼，當他帶著動物前去屠宰時，究竟對他們說了什麼？喬治說，內容並不固定，但通常是像這樣：「嗨，很對不起，但事情就是如此。謝謝你幫助我們，盡你的本分成為這麼好的動物。我知道，你即將前往的並不是你的選擇，而是我們的選擇，請原諒我。」

許多顧客覺得，食用以如此有機且道德的方式飼養的動物產品，讓他們感到安慰。「但我有些顧客對這一切嗤之以鼻。」喬治承認。「他們只知道這種肉很好吃。」二〇〇四年，「野生飲食網站」（Eatwild.com）和《牧場主青草農人》雜誌（*Stockman Grass Farmer*）贊助舉辦全國青草餵食牛肉業者大賽，結果喬治的牛肉在味道和柔軟度都贏得首獎。

諸如喬治這類小型家庭動物農場業者，面臨的最大挑戰之一是將產品送進懂得欣賞的顧客手上。因為美國肉品的包裝和經銷，多半是由少數不帶感情的大型企業來處理。

這就是尼曼牧場(Niman Ranch)這家堪稱美國最先進、最創新的肉品公司冒出頭的原因。這家公司於將近三十年前以小規模營業起家，供應符合健康且人道飼養的牛肉給加州馬林郡（Marin County）一帶具有機概念的顧客。後來隨著大家愈來愈了解工廠式畜牧業的殘酷行徑和對健康的危害，牧場愈來愈受歡迎，他們的使命感也愈來愈強。如今尼曼牧場仍在原地養牛，同時替三百多家小規模農場的牛、豬、羊進行包裝和經銷。你不僅可以在「全食超市」和「商人喬超市」等連鎖店找到尼曼牧場的產品，也可以上網訂購。

愈來愈多人想親自觸摸土地，認識是誰在照顧他們所吃的動物。超市賣的肉，來自工廠式飼養的動物，如果大肆宣揚這些動物的一生，不知道他們的肉還賣不賣得出去。但是，尼曼牧場的肉背後的故事卻是最大賣點，而不是必須隱瞞不讓不知情消費者知道的骯髒祕密。每個包裝上，標註肉品係來自某個以人道對待動物的農場。飼養這些動物的土地，是在一個永續系統下接受照顧，動物不吃動物的副產品或排泄物，也絕不施打生長激素。除了治療疾病外，他們也不使用抗生素，（如果動物被施以抗生素，之後就不拿來食用。）

尼曼牧場只和擁有或租賃農地的家庭農場做生意。尼曼牧場網站（www.nimanranch.

com）是顧客關係的代表作，甚至提供養豬人家的照片和文字側寫，有些是父母跟子女合照，有些則是以夫妻、兄弟姊妹或父子爲主題，許多家庭得意地將粉紅小豬仔抱在懷裡，背景是歷盡日曬雨淋的穀倉和農舍。農夫們在說到他們最喜歡哪些有關養豬的事時，經常提到他們愛的產豬季節，這時豬仔搶著吸奶，跟媽媽膩在一塊，並且跟其他家族成員作朋友。這些農夫幾乎都是自己栽種飼料，而且讓顧客知道，他們絕不用基因工程的玉米或大豆來飼養豬隻。

從尼曼牧場的網站上，也可以讀到豬是如何用鼻子在田地裡翻拱，並在各個田地上輪替，而這些田地往往是以混了豬糞的堆肥作爲肥料。「雖然這種傳統制度，比現代受侷限的替代方案需要花更大力氣，但也幾乎不製造臭氣，有助水源保持，並將土地和社區留給後代子孫。」和那些連自己滿溢的糞便都應付不來的工業養豬業者形成驚人對比，後者更別想說要如何用糞便使土地永續。

尼曼牧場依據動物福利學會（Animal Welfare Institute）發展的人道主義協議，農民不僅和動物在牧草原互動，也陪他們前去屠宰。工作人員表示當豬進入屠宰場時，比從工廠農場帶來的動物輕鬆許多。行家表示「不恐懼」是尼曼牧場的肉如此美味的原因，也是全國各地一流名廚愛用的肉品。（屠宰時釋放的腎上腺素，據說會使肉質變乾、變硬。）

食物造成的恐慌層出不窮，因此尼曼牧場對健康和安全的把關尤其令人放心。二〇〇四年，當華盛頓州有一頭牛被發現（源自加拿大亞伯達〔Alberta〕的酪農場）得了狂牛症，尼曼牧場在「全食超市」和「商人喬」的銷量，相較前一年立刻上揚三十%。

到底要花多少成本？

在工業接管畜牧業之前，雞與其說是廉價的速食，不如說是一種奢侈品。賀伯・胡佛（Herbert Hoover）在一九二八年的競選口號「讓家家鍋裡有雞」，承諾每位美國人最終會富有到每天晚上吃一頓雞肉大餐。從那時起，畜牧業者就接管生產，用低成本推出大量動物產品。工廠飼養的雞、牛和豬肉，也便宜到多數美國人都能大吃特吃。

反對牧草飼養動物的論點之一，在於小規模、環境永續的經營方式無法像工廠農場的營運那般，製造出同樣便宜的動物。於是某人必須彌補價差，意即消費者。一隻飼養在牧草地，在有大量昆蟲和蠕蟲的肥沃有機土上繁殖的嫩雞可能要賣十五美金，工廠農場的雞則大約半價，餵食青草的牛肉，也比用動物飼料貴二至三倍。

但是，仔細研究事實後發現，如果考慮所有因素，工廠飼養的動物其實一樣貴，更貴也說不定，只是眞正的成本被隱藏起來，沒有被我們發現罷了。舉例來說，大麥克（Big Mac）的價錢，並未反映政府爲了補助飼養場動物的主食「玉米」，而從納稅人手裡拿走多少錢。一桶肯德雞炸雞的成本，從沒把工廠農場造成的環境污染算在內。至於雜貨店用保鮮膜包裝的肉品價格，則沒有考慮因爲吃工廠飼養動物而生病時，治療疾病的隱藏成本。如果從這些角度設想，一磅自由放牧有機肉品的眞正成本，要相對低於我們爲一磅工廠飼養肉品所付出的代價。

只要眞正了解情況，低收入者只要少吃一點肉，還是負擔得起購買自由放牧有機肉品而多花的錢。

一次一根線

加州大學柏克萊分校的新聞學教授邁可・波藍（Michael Pollan），可說是最了解當代工廠式農業，且最敢於批判的人之一。他把消費者的選擇，比喻爲從一件衣服抽出一根線。當我們拒絕購買被飼養在狹小空間、喙被剪除導致永遠無法再品嚐蠕蟲和昆蟲等天生飲食的雞蛋或肉類時，等於是從衣服抽出一根線。當我們拒絕買用荷爾蒙增肥的土雞作爲感恩節大餐時，等於是從衣服抽出一根線。當我們拒絕購買從不被允許咀嚼青草或呼吸新鮮空氣，感受陽光溫暖背脊的牛的肉類或乳製品，等於是抽出一根線。

我們抽出的線愈多，這個產業就愈來愈難以繼續這麼苟且下去。你要求不含荷爾蒙的雞蛋和肉類，業者就不得不思索如何不用荷爾蒙來飼養農場動物。讓動物在外面吃青草會使生產速度變慢，最後整件事就必須來個改頭換面。

假如工廠農場果真這麼做（而且是不得不如此），那麼我們就有希望逐漸逆轉業者造成的環境災害。一旦動物飼養業者消失，牲口再度可以嚼食青草，目前爲了栽種動物飼料而使用的農業化學物質也將大量減少。最後，動物排泄物的嚴重污染也可以解決，但這一切都不會是容易的。

回復到眞正有益健康的環境，最困難的或許是改變目前世界各地愈來愈多人大量吃肉、完全無法永續發展的文化，但我們一定要嘗試。我們必須一個接著一個地開始。

幫忙救援動物

幾年前，我從倫敦坐火車到劍橋時，遇到一位女士從一座電池農場救援了二十隻母雞。每隻雞花了她幾分錢，這些母雞已經到了除了做雞湯或肥料外一無是處的地步，身上幾乎沒有羽毛，有生之年都擠在「農場」監獄的地獄使他們體弱不堪，當這位女士把母雞安置在住家外的地上時，他們慘兮兮地擠成一團。

「幾天後，他們才嘗試走路。」我這位旅伴說。「但他們終究是學會了。」她說他們試著像母雞那樣在地上啄食是多麼困難，因爲他們的喙早被拔除。「大概很痛哦，可憐的東西。」經過幾個禮拜的空間、陽光，和好的穀物，外加一些殘羹剩菜變換口味，羽毛終於又長回來了。最後，他們下了幾顆蛋給她作爲謝禮。

我問她爲什麼要這麼做，她說是在看到人道農業協會(Humane Farming Association)

登的幾張照片後。「我爲這些動物難過得要命。」她告訴我過去三年來，她每年都會救幾批不幸、乾癟的鳥類。

不尋常的是，就在那次見面後幾個禮拜，我遇到一對老夫妻，住在一間有個小花園（就是美國所謂的院子）的小房子，他們也基於相同理由，做完全一樣的事！他們每次只能接受三、四隻，但他們希望盡可能讓這幾隻在死去前，至少有機會體驗自由。假如我住在農場上，我會想把母雞跟豬從他們的地獄解救出來，也想把小牛從他們的小牛棺材救出來，還有很多。我爲這些人鼓掌。雖然不是很多人能夠自製一個避難所，但世界各地出現愈來愈多專爲需要關照的動物所建的自然保護區，無論是受傷的野生動物、被救援的農場動物，或之前的馬戲團、動物園或醫療實驗室的動物。全國救援和認養網路「農場動物庇護所」，是由兩位有同情心的活躍分子於一九八六年成立。那年他們頭一次救援希爾達，那是一頭被棄養、而後被丟在飼養場的「死亡堆」（deadpile）任由自生自滅的羊。如今「農場動物庇護所」是美國最大的農場動物救援和保護組織，「領養一隻火雞計畫」（Adopt-a-Turkey Project）是眾多活動之一，鼓勵大家領養或贊助一隻感恩節火雞，而不是去吃他。所有受贊助的火雞可以在保護區的其中一間庇護所中，享用塞了餡料的南瓜、小紅莓和南瓜派的感恩節大餐。

因爲人們對動物受苦的意識愈來愈強，也愈來愈覺得該做些什麼來幫忙。本書後面會列出一些自然保護區和動物權益組織，希望你以出錢或出力的方式支持他們。

多數人基本上是正派的，不喜歡動物在自己手中受苦，多數人想盡一份力量，讓這世界更加美好，只不過他們不見得都知道自己能做些什麼。所以，讓我們凝聚力量，別漠視上百萬動物受虐待的事實，每個人都可以盡一份力量，可以改變飲食方式，也可以拒買用不人道畜牧方式製造的動物食品，用荷包來遊說改變。我們可以出錢出力，讓活在保護區的動物繼續享有福利。此外，我們也可以幫忙散播人們對現況已有的覺察。

摘自羅伯・比爾德參議員二〇〇一年七月九日於美國參議院的演講

「我們對家畜的不人道對待，已經愈來愈普遍，也愈來愈野蠻。六百磅重的豬——要知道他們曾經是豬啊——被飼養在兩英尺見方的金屬籠裡，也就是所謂的「懷孕母豬欄」，可憐的畜生無法轉身，也不能用自然的姿勢躺下，這種日子一過就是好幾個月。

「在利益導向的工廠農場，肉用小牛被監禁在暗無天日的木造籠裡，小到無法躺下，也不能替自己搔癢。這些小動物有感覺，他們知道什麼是痛，他們承受的痛苦，跟我們人類承受的痛苦是一樣的。蛋雞被拘禁在電池箱，他們無法伸展翅膀，除了淪爲生蛋雞器外，其他什麼都不是。

「去年四月，《華盛頓郵報》詳細報導我國屠宰場對牲口的不人道待遇，有個二十三年歷史的聯邦法律，規定牛和豬在被宰殺前一定要先使他們失去知覺以免感到痛苦，但是有成堆證據顯示業者不見得一律遵守法律，這些動物有時在仍能感到痛楚的情況下被切割、剝皮，或者被丟進滾水中除毛。德州某家牛肉公司，因爲對動物殘暴而被傳訊二十二次，它被發現將活牛的蹄剁掉。在另一間有大約二十幾次違規記錄的德州工廠，聯邦官員發現九頭活牛被高吊在鐵鍊上。愛荷華某間豬肉工廠的祕密錄影帶，錄到豬在被送進滾水時還一面尖叫、一面用腳踢，滾水燙的目的是軟化皮革，軟化豬鬃使他們的皮比較容易被剝下。

「我殺過豬。我曾經幫忙把豬送進滾燙的水裡，如此一來就可以輕鬆除去鬃毛。但是，我們把豬送進水桶時，他們已經死了。法律明訂這些可憐的動物要先失去知覺，感受不到痛苦後，才可以開始這整個程序。聯邦法律遭到忽視。對動物的暴行罄竹難書。眞令人厭惡。眞讓人火冒三丈。野蠻對待那些無助、手無寸鐵的動物絕不可饒恕，即使這些動物是被養來吃的，即使有一堆理由。這樣的麻不不仁是陰險狡詐的，會散播，而且是危險的。文明社會的生命一定要受到尊重，並接受人道的對待。

「基於這理由，我添加文字到增額撥款法案中，下令農業部報告關於牲口生產的不人道對待案例，同時記錄農業部主管機關的回應。美國農業部轄下的機關，有權也有能力以實際行動減少我談到的那些令人不齒的粗暴行徑。沒錯，這些是動物，但他們也感受得到痛。這些機關可以做得更好，有了這項條款，他們就知道美國國會期待他們在檢查方面做得更好，在法律的執行面作得更好，以及在研究新的人道技術上做得更好。此外，凡繼續採用類似野蠻作法的人，會被列入觀察名單。

「我了解，這項條款無法停止美國所有動物的生命遭到不良對待，甚至無法停止所有牛肉、牛、豬等牲口受到虐待。但是，這項條款是朝向減少對這些動物虐待和不必要受苦的重要一步……

「所以總統先生，上帝賦予人對地球的統治權，我們只是這座行星的管理員罷了。千萬別辜負老天賦予我們的使命，讓我們努力做個稱職的管理員，不要因爲忍受不必要、可惡且令人反感的殘酷行徑，而玷污神的創造物或者我們自己。」

8 洗劫大洋和海

我們農耕的方式根本就是狩獵，而我們在海上的行徑簡直就是野蠻人。

——傑克・卡斯圖（Jacques Cousteau）

我小的時候，鱈魚是大家所知「大海的麵包」，那是最廉價的魚類之一，所以當我們有幸吃到英國佳餚「魚和薯片」（fish and chips）時，魚通常是鱈魚。我們用不吸油的紙包魚，外頭再裹上一層報紙來保溫，就這麼把魚帶回家。那年頭捕鱈魚船隊一拖就是一大堆，但是漸漸地，隨著愈來愈多人消耗愈來愈多的魚類，魚群也愈來愈少，價格緩步上升，也導致英國和冰島的關係愈來愈緊繃。

如今，鱈魚是受威脅的物種，其他無數種魚類也是。全世界魚群數量枯竭，源自於大海、湖泊和河川的過度捕撈，加上捕魚的方式製造浪費且不符永續發展的精神，以及水本身的汚染，這是這時代最令人震驚的生態浩劫之一。漂網和延綿數百公里的長線，小網眼的漁網，在小魚還來不及長大前就將他們捕捉，以及眞空拖網漁船把一切可移動的東西吸進巨無霸吸管中，都只是用非永續方式捕魚，因而毀掉上千非鎖定目標物種的幾個例子罷了。

一九九三年，國際禁用大型漂網，這種漁網威脅數百種非食用物種，如今漂網已經被綿延一百三十公里的線給取代，這些線有高達一萬兩千個裝上誘餌的鉤子以捕捉大量魚類。在這些東西下水前，包括瀕臨絕種的信天翁和海燕在內的數十萬隻水鳥撲向這些鉤子，被鉤子纏住的鳥兒被一路往海裡扯，最後淹死。

如果你見過當森林被夷爲平地時，滿目瘡痍的土地被人棄置的情景，你就可以想像在拖網捕蝦漁船作業過後，海床的樣子。當然，拖網漁船無法區分蝦和其他棲息在同一處的海洋物種，舉凡螃蟹、海綿、海參、海星和無數多無脊椎動物，全都安祥活在海草和珊瑚做成的床上，結果卻被一掃而空。過程中也洗劫多種魚類的覓食地，長年在海洋底部進行拖網作業，對珊瑚族群和海草床造成損壞，而海草床是許多魚類覓食的所在，其中有蠕蟲等做爲魚類食物的無脊椎動物在內。羅素・倪爾森博士（Dr. Russell Nelson）

擔任墨西哥灣漁業管理委員會（Gulf of Mexico Fishery Management Council）的顧問，並擁有二十多年海洋魚類管理和研究的豐富經驗，他寫到：「一旦岩石和古時沈入海底的礁脈消失，就沒有復原的可能。」

雖然要做的還很多，但還是有希望。修正的美國海洋哺乳動物保護法案（United Sates Marine Mammal Protection Act），准許成立「捕獲量減少團隊」的特殊團隊，由他們負責制訂策略，減少鯨、豚和鼠海豚被刺網、長線等大規模捕捉的拖網捕魚法捕獲的數量。這些團隊與環境專家、海洋科學家、動物福利團體和漁夫等合作，提出觀察監控（observational monitoring）和關閉瀕臨危險區域等措施。此外，漁民被要求在漁網裝置電子聲脈衝發送器，讓海豚、海豹等動物注意到它們。違反這些規定要罰一大筆錢，漁夫通常會遵守。當然，自從這些新規定實施後，情況已經有改善。

一九九四年，據估計每年在緬因灣（Gulf of Maine）有兩千多頭港灣鼠海豚因疏忽而被刺網捕獲，一九九九年實施新規定後，次年估計只有二七〇頭被捕。一九九五至一九九八年間，刺網在大西洋中部每年平均殺死三五〇頭港灣鼠海豚，當新規定於一九九九年實施後，次年被殺害的港灣鼠海豚降到五十頭以下。

非洲的大湖泊

非洲大湖泊正面臨許多問題。這些問題經常是從外地移居本地的人爲了使捕獲量激增，而對古老的捕魚法進行干預所造成。他們引進的計畫確實爲漁民帶來立即獲利，但也往往導致幾近無可逆轉的環境災害。其中最嚴重的，是將肉多味美的尼羅河巨鱸引進肯亞北部的魯道夫湖（Lake Rudolf），這些魚拼命繁殖，一下子就吃掉現存的魚類群，之後在飢腸轆轆下成了同類相食的動物，把自己同類的小魚吃進肚裡。因此，過去數百年來餵養上千人的湖泊，短短幾年間竟變成一處荒廢的水窪。

我親眼目睹捕魚方法的改變，是如何使坦干伊喀湖（Lake Tanganyika）中如沙丁魚大小的達嘎魚（dagaa），從原本豐富的必要食物來源變得稀少。六〇年代初，每天早上岡貝國家公園的卵石海灘上，小魚被沖刷上岸乾死而呈現一片銀色。那年頭有配合乾季的捕魚季，這段期間每到一天結束前，魚一定會乾死，於是可以裝進袋子裡拿到最近的奇哥馬（Kigoma）鎮販賣，也可以用火車載往全國各地去賣。大量的魚也到了尙比亞，爲廣大銅礦區的工人提供蛋白質。

一九六一年，坦干伊喀結合尚吉巴（Zanzibar）成立坦尚尼亞這個獨立國，才剛脫離殖民統治而出現第一抹自由，他們就做了一些愚蠢的決策，其中之一是允許捕達嘎魚的漁民一年到頭作業。在漫長的雨季期間，捕了一整夜的魚鋪成的銀色地毯，經過一天的雨會腐爛並發出惡臭，結果多半只是任由他們自然分解。撇開對魚的額外需求，夜間捕魚繼續進行著，直到聯合國農糧組織（Food and Agriculture Organization）插手。他們向漁民介紹用大拖網捕魚，而這才是對野生動物數量產生眞正衝擊的原因。

在此之前，傳統捕魚法是用燈（曾一度用柴火）在夜裡將魚引誘到獨木舟後才灑網，把形狀像隻大蝴蝶的網子沈入水中，網子有個長長的木把手，漁民各憑本事把最多的魚撈進網裡。剛開始引進拖網的捕魚法時，捕獲量之大令漁民開心不已，他們用幾隻獨木舟來放置漁網，從大老遠開始灑網，在三、四小時之間逐漸將網收回。但是，隨著時間過去，漁民們愈來愈笑不出來，因爲捕到的魚愈來愈少，由於網眼太小，不僅毀了未成熟的達嘎，也包括其他食用魚的幼魚。到了九〇年代，這種網子經常是幾乎空的回來。最後到了二〇〇〇年，政府下令禁用這種網子。

捕魚業的危害

對傳統的捕漁業來說，水產養殖是有害環境、利益導向的行業，好比農企業之於家庭農業的關係。以下是當跨國農業公司前進加拿大時的情形，選擇這國家是因爲它綿延數英里的海岸線，這故事令人髮指的細節，被我的朋友、受尊敬的海洋生物學家，也是攝影師的亞歷姍卓·莫頓（Alexandra Morton）記錄在《傾聽鯨魚》（*Listening to Whales*）中。

數千年來，中國人在清水池裡飼養草食的鯉魚，沒有過於擁擠的魚類，他們被餵食天然食物，排泄物也不會危害環境。直到十七世紀初，挪威人開始現代的魚類飼養或稱水產養殖，情況才開始不對勁。他們飼養大西洋鮭魚，一開始先養在魚缸，然後將魚放在尼龍網中沈入海裡，這也造成野生的海生動物暴露在水產養殖場排泄物的疾病風險中，結果證實凡有魚類養殖場的地方，都對野生鮭魚造成危害。然而除了這明顯的瑕疵外，挪威針對網欄大小、魚的數目等制訂相當嚴苛的環境限制，讓想要更大漁場和更多自由的挪威魚類養殖業者受挫。於是他們在一九八〇年代初前進加拿大，因爲他們在那裡可以爲所欲爲，於是他們開始在太平洋鮭魚的生境，飼養起食肉的大西洋鮭魚。他們選擇大西洋的品種，部分是因爲這種魚的生長速度比太平洋鮭魚快，再者他們比較溫馴，可以在每個欄內擠進更多魚。馴養魚類逃跑後和野生魚群競爭，這種現象愈來愈令人擔憂，但是政府的科學家卻叫大家「安啦」。

加拿大的第一批魚類養殖業者以挪威人居多，至少他們還會向當地人請益，但隨著競爭日趨激烈，後來的養殖業者似乎並不在意。這些新到的魚類養殖業者直接跟當地捕魚業競爭，將養殖場設在野生鮭魚偏好的區域，因此在一個數百隻野生鮭魚習慣上一次會停留幾小時的地方，結果卻是有高達十五萬條（近來超過一百萬條）「摩肩接踵」的魚，被擺在一個圍欄待上一年半，之後才被「採收」。

愈來愈多加拿大和挪威籍的魚類養殖業者趁機利用。最初，他們以遙遠海岸社群的救世主之姿受人歡呼，但隨著機械化穩定減少工作數量，於是承諾的好處並沒有實現。此外愈來愈多當地漁民和科學家警告政府，鮭魚養殖將對當地產業和環境造成嚴重災害，但他們的警告卻如同狗吠火車。在此同時，當地漁民卻承受痛苦，所有精華的捕魚區都被浮在海面的籠子佔據，討海人的魚獲量愈來愈少，而魚的市價卻往下掉。商店堆滿魚類養殖業者的廉價產品，拖船業者失去躲避暴風雨的地方，駕駛帆船的人也少了絕佳的拋錨地點。有一位野生明蝦的漁民，在距離一處最近推出的養漁場作業，沒多久就發現他的最佳捕魚園地已經死亡，因爲他設的陷阱是空的，有塊烏漆巴黑的腐敗淤泥卡在上頭。海生哺乳動物被發現遭射殺，人們爲了使海豹遠離籠子而裝置的聲學驅離器，也影響到鯨和海豚等生物。

愈來愈多人抗議，最後政府派遣一個團隊針對申訴進行調查，結果做出一份地圖，沿著海岸的特定關鍵區給予保護。但是，當漁場遷移到這些地方，政府卻裝作沒看見。

時間愈久，對環境的傷害也愈大。養殖鮭魚吃魚肉做成的飼料，這是將小型的海洋魚群趕盡殺絕所製造出來的，業者再添加一些劑量的維他命、礦物質和大量抗生素，來抵抗密集飼養的動物所無可避免的疾病。這還不夠，這些魚囚犯還被餵入粉紅色染料，野生鮭魚吃下大海中的浮游生物而使肉染上顏色，如果不添加染料到養殖鮭魚，那麼你的晚餐餐盤上會是一片灰白色的鮭魚肉。

儘管這些魚接受大劑量的抗生素，但養殖場的疾病依舊如野火燎原（每磅養殖魚類體內的抗生素含量，高於任何其他形式的農業）。爲了保住魚的性命而拚命用藥。然後還有排泄物。工業魚類養殖場相當於漂流的豬或家禽農場。在千禧年的第一年，卑詩省（British Columbia）的魚類養殖業每天傾倒到海裡的污水量，相當於一百萬人的城市產生的污水，籠子四周的水變成紅色，那是藻類密集滋生的結果。這些藻類生長在農場排泄物——數以噸計的糞便，加上沒有吃掉的魚飼料——造成的大量氮和磷的環境中。有鮭魚場的地方就有藻類將魚殺死，而且使人類嘴唇麻痺。但是政府還是不當一回事。

現在我們知道，只要有鮭魚養殖場的地方就會有問題，有時問題還不小。舉例來說，一般無害的海水魚虱會大量增生，他們像雲一般從網眼外洩，然後將年幼的野生鮭魚和海鱒的皮膚吃掉，少許的魚虱對野生魚類幾乎沒有負面影響，但是魚類養殖場的上百萬魚虱卻造成破壞，並導致不可或缺的野生鮭魚數量銳減，魚虱把蘇格蘭、挪威和愛爾蘭的野生海鱒和鮭魚徹底消滅。

儘管信誓旦旦，說的是卻另一套，加拿大養殖場的鮭魚逃脫了，穿過重重關卡，以銳不可擋之勢將太平洋野生鮭魚取而代之，即使挪威的規定比加拿大嚴格許多，但每年依舊約有四百萬條魚逃走，許多河川的養殖鮭魚超越野生鮭魚，比例爲四比一。

對人類有害

岌岌可危的，不光是野生鮭魚的健康和傳統討海人的生計，這對人類消費者也有潛在的嚴重健康顧慮。二〇〇〇年，海洋生物學家亞歷姍卓・莫頓剖開八百多條逃跑的養殖鮭魚，這些鮭魚是被卑詩省當地漁民在她家附近的布勞頓群島（Broughton Archipelago）捕獲，當時她正在研究逃跑的大西洋鮭魚在太平洋的命運，亞歷姍卓擔心，逃跑的大西洋鮭魚數目被短報，因而相關風險被小覷。她發現在許多情況下，沒有烹煮的肉軟到像馬鈴薯泥那樣從湯匙滑出來，有些鮭魚的脾臟表面凹凸不平，要不就是肝臟呈現橘色污點，或者重要臟器竟然混在一起。她從其中兩條鮭魚的身上取下化驗標本，將一半送到省政府的實驗室，半數則送到私人實驗室，結果卻是天差地別。私人實驗室寫到：「你拿來的每個標本都爬滿細菌。它們大量聚集在培養皿中。」經確認後的細菌是沙雷氏菌（Serratia），能抵抗十八種抗生素中的十一種。相反地，政府實驗室則表示完全找不到任何細菌！（近來在某處鮭魚養殖場發現沙雷氏菌，此處廢水流入蘇格蘭的鮭魚圍場中。）沒有針對這個健康議題進行進一步的檢視。

九〇年代初，位於卑詩省納奈莫（Nanaimo）的魚類養殖場歷經癤瘡病（furunculosis）的大爆發，這種病在歐洲的養殖鮭魚身上屢見不鮮，是在運送鮭魚卵的過程中進入加拿大。儘管政府自己的研究人員建議所有進口行爲都該被禁止，這些鮭魚卵還是進來了。之後一種新的疾病類型席捲數個魚類養殖場，並出現在野生鮭魚身上，消滅了四分之一的魚群，這種病對魚類養殖業者獲准使用的三種抗生素都極具抗性，也強烈暗示它源自養殖場。然而，即使政府稍早曾警告，用這種方式治療的魚不可被人類食用，但卻沒有下令將魚銷毀，反而准許業者用紅黴素治療，照農民繼續這麼做下去，你極有可能已經吃下幾條這樣的魚。

超市購物者大多不曉得這類資訊，他們當然是偏好購買較便宜的養殖鮭魚。養殖鮭魚的包裝上不會告訴你，這種魚的不健康脂肪大概高於野生鮭魚的五十%，至於人體需要的 omega-3 的脂肪酸則比較低。當然標籤也不會告訴你，它大概有高含量的有毒工業阻火物質（多溴聯苯醚，簡稱ＰＢＤＥ），已經污染了食物鏈，或者研究顯示養殖鮭魚累積較多戴奧辛和多氯聯苯（ＰＣＢ），這些物質和精子數減少與癌症相關。

我跟許多美國原住民和卑詩省原住民（First Nation people）談過，人人對魚類養殖場都是滿肚子火，打從一開始，婦女就告訴我說，她們絕不煮養殖魚類，說這種魚的肉很軟，色澤跟氣味都不對勁。很多人已經看到野生鮭魚數量銳減，每年的鮭魚迴游期間，許多部落都靠這些鮭魚打牙祭同時賺點外快，趕盡殺絕使原本鮭魚所在的河流被淤積，而由於農業和有時工業排放的廢水也使這些河遭受污染。對有些人來說，魚類養殖場似乎正在污染並且感染最後的野生鮭魚，且將使古老傳統走入歷史，我們絕不容許那種情形發生。

亞歷姍卓告訴我，她逐漸把野生鮭魚視為「在體內流動的血液，攜帶必要養分來到山邊，灌溉樹木、熊、鱒魚等周遭幾乎所有的生命，他們是東北太平洋不可或缺的禮物，也是我們再也得不到的禮物。」

如今，蘇格蘭的魚類養殖業者，急於避免重蹈鮭魚養殖業者的覆轍，此刻正在養殖有機鱈魚。「業者不是隨時都有機會從頭來過，我們就是用這種態度看待鱈魚。」新成立的鱈魚養殖場強生水產（Johnson Seafoods）的董事卡羅・瑞考斯基（Karol Rzepkowski）這麼說。強森家族想讓世人相信，他們正以有機、永續的方式養殖鱈魚，鱈魚的食物來自魚的殘骸，而這些魚在英國早被捕來做食物。鱈魚不會罹患魚虱，所以不需要藥物處理，此外他們和英國皇家反虐待動物協會（Royal Society for the Prevention of Cruelty to Animals）合作訂定福利指導原則，如此他們的鱈魚應該「到死都是極盡圍欄飼養魚類的滿意程度。」

鱈魚之戰

事情從一九五六年開始，當時冰島將英國漁船的禁漁界限，從距離海岸四海里處提高到十二海里，英國漁民群起抗議，但是儘管政府出面干預，冰島卻還是堅持立場，表明有必要維護魚群。最後雙方達成協議，限制魚獲量的總數，並針對漁船作業的限制提供些許彈性。但是兩年後的一九七五年，當冰島宣布英國漁民必須在離海岸兩百海里外捕魚，這項協議便劃上句點，於是進入後人所知「鱈魚戰爭」的另一階段。

爭論點在於，被視爲永續收穫物的魚類數量，以及保護區域海水的權利。敵對船隻的惡意衝突愈來愈頻繁，只要英國拖網漁船一越界，冰島海岸巡防隊的船隻就會趨近，將他們的漁網割斷，結果造成一些暴力行動，雙方互相射擊，冰島船隻和英國拖網漁船與巡防艦之間也發生數起衝撞事件，沒有人死亡，但在衝突期間造成幾艘船受損，外加幾個人受傷。經過一次特別激烈的碰撞後，雙方都認爲最好徵詢聯合國安理會的意見，而安理會卻拒絕採取行動。

經過八個月的劍拔弩張，終於達成一項新的協議。英國漁民在兩百海里的界限外捕魚，但每次絕不可超過二十四艘拖網漁船，此外每年的鱈魚捕獲量限於五萬噸，四個保護區內禁止任何捕魚行爲，至於冰島的巡邏艦在有違反協議的疑慮下，可以叫住英國的拖網漁船進行檢查。

飼養虎蝦

明蝦大量養殖的悲劇故事，驚人程度也不遑多讓，儘管有看似重複之嫌，但我還是想說說這故事，以下內容取材自一份「環境正義基金會」（Environmental Justice Foundation）的報告。虎蝦曾經是高檔餐廳才有的奢侈品，如今卻成了隨處可見的便宜貨，究竟怎麼了？九〇年代大蝦開始在市場出現，當時顧客已經做好多花錢的準備，因爲大蝦的料理比較不麻煩，而且儘管貴是貴，但是比起龍蝦還是便宜，之後這些大蝦開始以更大數量進口，二〇〇三年的全球銷量約五百至六百億美元，多半輸入美國、歐洲和日本，市場的年成長約九%。

虎蝦是密集養殖的結果，世界銀行向各地方政府大力推銷養殖虎蝦，一方面賺取外匯，又可以作爲飢民的食物，減少開發中國家的貧窮問題。虎蝦來自厄瓜多、宏都拉斯、瓜地馬拉、墨西哥，以及泰國、越南、印尼、巴基斯坦、孟加拉和中國。在這些國家當中，有些國家的政府在電視上做廣告，推銷以低利貸款提供給將農場用地改成水產養殖的農民，許多人以爲自己會成爲百萬富翁，於是把土地拿去辦抵押貸款，來建造大蝦養殖場。

代價一點也不低。引進大蝦之前必須將池子鋪上塑膠布，之後塗上各種化學物質的混合物。大蝦爲肉食動物，爲了飼養生長快速的大蝦，農民必須餵他們吃蛋白質，而且通常是魚類。此外，他們一定要吃非常大量的魚，才能使體型大到可接受的程度。等大蝦一進入池子，上百隻擠在一塊，當然就得在水裡添加抗生素。即使如此，大蝦生病幾乎確定是遲早的事，很多蝦子變得畸形，身上覆滿黑色斑點，這下子農民又把更多抗生素放進水裡，折騰了半天，還是很多蝦子死掉。

也難怪，只有富有的人能成功，因爲他們買得起所有設備、化學物質和抗生素，萬一出事就買下另一塊土地重起爐灶。很多較貧窮的農民向世界銀行貸款，把農地改建成虎蝦養殖場，到最後才驚覺自己週轉不靈。在越南湄公河以西，近半數的大蝦養殖業者在短短四年間虧光所有的錢。同一期間在七個印尼省分中，有七成由世界銀行融資的池子被棄置，泰國則有五成。

對環境更是造成極具破壞性的衝擊，殺蟲劑、抗生素、消毒劑和高密度的大蝦排放的尿酸，從養殖場抽出後進入河川和海洋，飲用水和農業用地也受影響。養殖過大蝦的土地，無法再被用來種稻或其他農業作物，所以當大蝦養殖場失敗，過去獨立自主的農民就此一蹶不振。孟加拉有大約半數的蝦農在曾經種稻的土地上養蝦，上千自耕農眼看自己的生計慘遭破壞。

當地漁民也苦不堪言。河川和海洋的污染物，加上被捕來飼養大蝦的魚，使得靠海維生愈來愈困難，尤其值得憂慮的是，爲了把地空出來設養殖場而對紅樹林造成的大規模破壞，而這些都是適合繁殖的肥沃土地，也是許多魚類的棲息地。據估計，全世界損失的紅樹林，有大約四成是爲了養殖大蝦，對當地人造成極具殺傷力的影響。舉例來說，厄瓜多一處海岸區的八成人口，因爲紅樹林遭破壞而失去主要的食物來源。以往泰國被紅樹林覆蓋的區域中，有超過五分之一的水產養殖場經二至四年後被棄置，一旦大蝦的養殖失敗，紅樹林再也回不來，許多污染將繼續，對當地人民生活的影響也將持續。近來的大海嘯，就是因爲失去紅樹林的屏障而使上千人喪命。

以捕魚或種稻等傳統方式爲生的當地農民，自然是對大蝦的養殖業者深惡痛絕。尤其當跨國公司大舉進軍時，將森林砍伐殆盡、用推土機把農地剷平，建造巨型養殖場等。當一窮二白的絕望村民結夥攻擊大蝦養殖業者，並將他們的池子洗劫一空，至少十一個國家的人民失去生命，因此，裝置大規模安全措施、修築高牆圍籬並安裝照明設備就變得必要。

因此整體而言，大蝦養殖造成負債並使業者失去財產、非法土地沒收、虐待童工（拯救兒童基金會〔Save the Children Fund〕和樂施會〔Oxfam〕曾有一段時間報導）、暴力，以及環境的嚴重破壞和退化。儘管如此，想錢想瘋了的政府還是不遺餘力擴大養殖場規模。以越南爲例，二〇〇〇年已經是全世界第五大生產者，大蝦業每年帶來五億美元的收入，但是政府還想將產能加倍。

願意冒險嗎？

還有一件負面的事。西方人在吃養殖大蝦時，在不明就裡的情況下讓自己陷入嚴重的健康風險中，因爲他們吃進肚子的食物，尺寸大小完全仰賴抗生素和生長激素的大量使用。已經有跡象顯示，來自中國、泰國、越南、巴基斯坦和印尼等地的某些大蝦中，含有氯黴素和硝基夫喃類抗生素（Nitrofuran Antibiotics）等致癌物，看樣子其他有害物質也將找到門路登上餐桌。

我們的含汞海洋

海洋和河川的污染，比起魚類和大蝦養殖造成的污染多更多。許多污染進入我們吃的海鮮，「汞」這種毒物在多種海鮮中都有被發現，跟血壓上升、嬰兒神經功能受損以及成年人的生殖力下降都有關連。二〇〇四年，綠色和平贊助的「髮中含汞取樣計畫」(Mercury Hair Sampling Project) 顯示，二十一%的育齡婦女，汞含量超過美國環境保護局建議的上限。

二〇〇四年，美國聯邦食品與藥物管理局和美國環境保護局聯合發佈專家建議，表示消費者尤其是懷孕婦女應該避免旗魚、鯊魚、大瑪鮫魚和馬頭魚，因爲這些魚類往往儲存高量的汞。政府機關建議吃其他種含汞量較低的海鮮，包括蝦子、罐裝輕鮪魚（例如白鮪魚或金槍魚）、鯰魚和野生鮭魚。

你能怎麼做

我們必須面對一項事實，就是工業水產養殖嚴重傷害海洋，而海洋是延續人類生命的絕佳生態系統。珊瑚礁相當於海中的雨林，過去三十年來已經減少三十%，多半是過度捕撈和以拖網漁船捕蝦所致。過去五十年來，工業船隊至少把九成海中的大型捕食者捕撈一空，有槍魚、旗魚、鯊魚、鱈魚、大比目魚、鰩魚和鲆鰈。

假如你關心海洋及其野生魚類，假如你在意自己和家人的健康，尤其是孩子的健康，假如你關心討海人的生計，你當然可以做點什麼。你也很清楚該做什麼！你在向商店購買或在餐廳點餐時，可以做出合乎道德的選擇。

拒吃養殖鮭魚

要求你最喜歡的餐廳端出野生鮭魚。野生鮭魚會貴一點，但即使這代表你將吃得少一點，想想你的犧牲將多麼值得！事實上，如果你想到自己跟地球的健康，這根本不是犧牲。無獨有偶地，野生鮭魚的滋味也比養殖鮭魚好很多。鮭魚愛好者告訴我，一旦你將兩者各取一些來比較，你永遠不會再想吃養殖鮭魚。尤其是粉紅的鮭魚（又叫做細鱗大魚）一定是野生，他的肉質豐厚，而且因爲只活了兩年，在食物鏈中的位階又比較低，因此是地球上最有益健康的蛋白質之一。

購買有機虎蝦

假如你在讀了大蝦養殖後，覺得自己可能不再像以前那樣享受他們的美味，甚至只要一想到吃蝦子或任何人吃蝦都讓你痛苦，請不要忘記。如果你聞蝦便食指大動，請尋找厄瓜多溫暖海水出口的正牌有機虎蝦，馬達加斯加正在培養類似產品，如果你選擇冷水大蝦，你會是安全的，尤其冰島的更值得品嚐。

了解有關海鮮的事實

但是，如果過度捕撈正威脅海洋，而養殖的水產經常是考慮周詳的，但我們怎麼知道哪幾種海鮮要抵制，哪幾種要支持？食用有益環境的海鮮有幾個最佳指導原則，就是蒙特利海灣水族館（Monterey Bay Aquarium）的《海鮮觀察指南》（*Seafood Watch Guides*），這些口袋大小的免費指南，幫消費者區分哪些是最佳選項，並針對美國不同地區出版。

奧督邦野生保護協會（Audubon and Wildlife Conservation Societies）也出版《海鮮隨身卡》（*Seafood Wallet Card*），讓讀者知道消費者需求已經導致某些魚類到達有史以來的最低數量，但他們說，「你可以幫忙解決，你可以向健康、生氣蓬勃的養漁場選購海鮮，你在市場上購買、在菜單上點哪種魚，將決定海洋的未來，你有力量保護海洋生活。」

很多人隨身帶著這些卡片。我朋友湯姆・孟格爾頌發現，在他最愛的海鮮餐廳，菜單上有鯊魚和旗魚，於是他向經理申訴，結果對方致歉。幾星期後，湯姆又去那家餐廳，發現這些瀕臨絕種的魚類竟還在菜單上。他生氣地說，如果再讓他發現餐廳賣鯊魚和旗魚的菜色，以後就不再光顧了，而且要告訴所有朋友，結果這招奏效，現在那家餐廳不提供鯊魚和旗魚了。

此外在臺灣，輿論使政府禁止在公共宴席上提供魚翅，因此身爲大眾的我們，顯然可以對捕魚業發揮重大影響力，正如我們對「不傷害海豚」的鮪魚所做的努力（譯註：捕鮪魚的漁網不傷害到海豚）。

蒙特利海灣水族館的《海鮮觀察指南》

二〇〇五永續海鮮指南（Sustainable Seafood Guidelines 2005）

最佳選擇	好的替代方案	避免
鯰魚(養殖)	蚌(野生捕捉)	魚子醬(野生捕捉)
魚子醬(養殖)	鱈魚：太平洋	智利鱸魚／圓鱈魚
蚌(養殖)	螃蟹：藍蟹	鱈魚：大西洋
螃蟹：鴨腳蟹	螃蟹：仿蟹／魚漿做成的蟹肉	螃蟹：帝王蟹(進口)
螃蟹：雪蟹(加拿大)	螃蟹：大王蟹(阿拉斯加)	大比目魚(大西洋)夏季比目魚／鰈魚除外
螃蟹：石蟹	螃蟹：雪蟹(美國)	石斑魚
大比目魚：太平洋	比目魚：夏季比目魚／鰈魚	大比目魚：大西洋
龍蝦(美國)	龍蝦：美國／緬因	扁鯊類
淡菜(養殖)	鬼頭刀／淇鰍／旗魚	羅非魚
牡蠣(養殖)	牡蠣(野生捕捉)	岩魚(太平洋)
鮭魚(阿拉斯加野生捕獲)	綠鱈	鮭魚(養殖、包含大西洋)
沙丁魚	扁貝：海岸	鯊魚*
小蝦(以陷阱捕捉)	扁貝：海水	小蝦(進口養殖或拖網捕捉)
條紋石鮨(養殖)	小蝦(美國養殖或拖網捕捉)	鰛魚：紅鰛魚
鱘魚(養殖)	鰑目魚(太平洋)	鰑目魚(大西洋)
羅非魚(養殖)	魷魚	鱘魚(進口的野生捕捉)
鱒魚：彩虹鱒魚(養殖)	旗魚*(美國)	旗魚*(進口)
鮪魚：長鰭金槍魚(釣繩／釣桿捕捉)	鮪魚：長鰭金槍魚*(長線捕捉)	鮪魚：藍鰭鮪魚
鮪魚：大目鮪魚(釣繩／釣桿捕捉)	鮪魚：大目鮪魚(長線捕捉)	(＊紅色星號表示FDA和EPA針對育齡婦女和兒童提供的汞含量建議)
鮪魚：黃鰭鮪魚(釣繩／釣桿捕捉)	鮪魚：黃鰭鮪魚(長線捕捉)	
鮪魚：罐裝輕鮪魚	鮪魚：罐裝白鮪魚／長鰭金槍魚*	

用這份指南，
爲健康的海洋做出選擇

最佳選擇

這些是你最佳海鮮選擇！這些魚類豐富，經過妥善管理，且以環境友善的方式，捕捉或養殖。

好的替代方案

這些是代替最佳選擇欄的好方案。但是關於他們是以何種方式捕捉或養殖還是有些許顧慮，或是因爲其他對人類的影響，以致他們的生態環境有益健康與否等，仍有待商榷。

請上網站了解詳情：www.seafoodwatch.org

避免

避免這些產品，至少目前是這樣。這些魚來自過度捕撈和／或以傷害其他海生生物或環境的方式被捕捉或養殖。

9 開始吃素

沒有一種東西，比起進展到吃素更有益人體健康，且提高地球生命的存活機會。

——愛因斯坦

前面提到，我成長在英國食物短缺和配給的年代，當時很多人吃鯨魚肉（幸好我家沒人走上那條路），幾間民宿被逮到供應給客人的肉，上面做了綠色條紋的記號，表示那是「不適合人類食用」的。每人每週可以獲得一顆「眞正」的雞蛋（使用的多半是來自澳洲的雞蛋粉），肉品採配給制，我還記得禮拜天很偶而的情況下會吃到傳統烤牛肉和約克夏布丁，只不過份量少的可憐。

一九五四年，我們還是得靠糧票爲生，這時我和母親凡安去德國的阿姨和姨丈家住，當我們看見戰敗國竟吃得到那麼多食物，簡直驚訝得目瞪口呆，沒有一樣東西是配額的，無論就數量或種類，都比我記憶中來得多。邁可姨丈屬於佔領英軍的一分子，一天晚上我們全部來到一間餐廳用餐，這間餐廳是給佔領軍隊的高階軍官使用的。我們去得很早，偌大的餐廳還空蕩蕩的，至少有六位侍者，身穿潔白無瑕的小禮服並繫上領結，圍著餐廳四周站立，我被菜單弄得眼花撩亂，因爲選擇性實在太多，所以很感激邁可姨丈替我點菜。他點了春雞，我不知道我的盤子裡會有半隻小母雞，還有雞腿、雞翅等等，正當我納悶該如何下手時，其中兩位侍者見我困惑的樣子，便過來解圍。他們迅速拿走盤子，幫這位可憐的「小姐」把肉切成一塊塊，只剩我拿著刀叉坐著，因爲這突如其來的舉動而僵在那兒。九歲的我羞得無地自容，只好跟著大夥一起哈哈笑，直到笑到眼淚直流。

當年我是吃肉的。雞、牛排、豬、燻肉、魚，各種肉類。大家都是，而且經過慘澹的戰爭年代，肉吃起來特別美味，我知道動物死了，但我花那麼多時間跟牛、豬、雞在一起，他們在田裡到處嚼食青草、咕嚕咕嚕地說話、用爪子刨地，看起來過得挺愜意的，比那些被虐致死的猶太人跟吉普賽人愜意多了，也好過上千名戰死沙場的士兵，而且我以爲，農場動物是以快速且人道的方式死亡。

之後到了七〇年代初，我得知第五章和第六章動物密集生產的恐怖情節，我是在讀了彼得・辛格的《動物解放》後突然才有所領悟。之前我從沒聽過工廠農場，而隨著我翻過一頁又一頁，感到愈來愈難以置信、驚恐萬狀，而且憤怒。首先，我了解到母雞的電池農場。我對母雞有了些許了解。我的第一次經驗在年僅四歲半的時候，一位住在倫敦中心的愛動物小女孩，我還記得我們到農場渡假，我頭一回近距離跟牛、豬和馬接觸時的強烈興奮感。我每天幫忙撿拾雞蛋，母雞多半選擇巢箱，這些巢箱屬於每個小小木造雞舍的一部分（不過有些母雞比較偏好灌木的樹籬）。

我感到好奇。雞蛋從哪兒冒出來的？我看不見夠大的開口，而我的問題顯然把每個人煩得要命。在得不到滿意的解釋下，我決定自己一探究竟。我躲在一間悶熱的雞舍裡，外頭還用稻草覆蓋，就這麼一直躲到家人發現我不見了，於是出動大夥開始尋人。結果是我媽先找到我，她衝向被稻草覆蓋的雞舍，而這裡也充滿母雞如何下蛋的奇妙故事！

約莫二十年後，我有機會深入了解母雞跟公雞。那是我跟凡安於一九六〇年一起到岡貝後，人家送給我們的，原本送這些雞是要拿來烹煮，但是雞的雙腿被綁住而且還活著，好讓他們保持新鮮更久些。當然，我將他們鬆綁，他們在我們的小小營帳漫步，把各種不受歡迎的訪客一掃而空，他們最愛的當然是蠍子！那是在我吃素之前，但只要一想到殺掉這兩隻迷人的小傢伙（我們管他們叫做希爾德布蘭和希爾妲）並且吃下肚，簡直是不可能的事。

希爾妲臉皮厚又愛指揮，堅持只要看到我吃東西就要分一杯羹，而且經常一副好奇寶寶的樣子晃到我的營帳裡。希爾德布蘭則是比較緊張而且內向，不過他倒是發明出極端吵鬧又刺耳的喔喔叫，如果是早上還無所謂，因爲他是一流的鬧鐘，所以我每天早上五點半起床。不過，他也往往在怪異的時間喔喔叫，這時經常會讓我直跳腳，我發現只要透過今天所謂的「行爲修正」，就可以預防這種事發生，不過在那年代，我只是「訓練」他！一開始，只要他一在正午叫，我就將一把稻草或沙土丟向他。一陣子過後，我發現可以從一些不起眼的預備動作，預測他何時發出令人震耳欲聾的啼叫聲，這時我就用東西灑他。又過了一些時候，我只要瞪他一眼，手部做一點小動作，就可以避免他那種防禦領土的啼叫。可憐的希爾德布蘭，這麼做肯定嚴重傷他的男性自尊，搞不好還是他性格害羞的原因哩！就是我跟這兩隻可愛禽鳥在一起的時光，知道他們在自由之下的舉動，所以當我得知雞被迫活在現代電池農場的狹小監獄時，會如此深深感到不安。

接下來在辛格的書中，我讀到關於豬的一切，這不僅使我生氣，也讓我流淚。是不是我有些濫情？或許是受了《夏綠蒂的網》影響，愛上那令人難忘的書中角色威爾柏（Wilbur）。我認爲，當我想到工廠農場的豬時，令我如此難過的是八歲時美好童年的渡假回憶。有回我在散步時，發現一處田地都是年輕的鞍背豬，我喜歡看他們玩耍，奔跑並彼此追逐，然後躲在陰涼的地方休息，替彼此梳毛。以前每到中午，我都會帶著一份寒酸的戰時三明治，還有一顆大概長了蟲的蘋果到那裡野餐，我用蘋果核把豬引過來，其中一隻我管他叫「咕嚕」的豬，他終於不再害怕，不僅直接從我伸出的手咬走蘋果核（那副興奮的勁呢！），還讓我搔他耳後，再沿著他背上豎起來的鬃毛搔，也讓我搔他的下巴，當時的我彷佛在天堂，完全沒想到他最終的命運會讓我的喜悅蒙上陰影。

我還記得我在闔上辛格的書時，心裡是怎麼想的。我想到過去我愛的美味豬肉塊，早晨煎培根的濃郁香氣，更想到過去享用過的烤雞、砂鍋雞、炸雞和雞湯。我心裡有種麻木的感覺。我知道我將無法不想到讀過的書中浮現的情景，從那時起，我一看見盤中的肉，就應該想到痛苦——恐懼——死亡。多恐怖啊。

所以，情況很明朗。我不再吃肉。有那麼一年左右，我繼續吃魚，我們住在坦尚尼亞的三蘭港（Dar es Salaam）時，我的兒子會捕魚，至少這些魚到死前都還自由自在的活著。此外他向我指出，如果他不捕捉這些魚，一定有某人會去捕，要不是當地漁民的話，就是歐盟和日本人的拖網漁船，將坦尚尼亞沿海席捲一空。不過，當動物的肉在我口中變成一種令人厭惡的感覺時，我也放棄吃魚。

我經常被問到，介不介意一起用餐的人點肉來吃，當他們點小牛肉或一大塊紅肉時（除非是有機而且自由放牧），我一點也不喜歡，但我相信改變一定要從內而外，而我總是找得到機會談談我吃素的緣由。我會盡量等到大家吃完盤裡的牛排、豬肉或雞肉後才開始說，讓別人感到羞愧以及／或引起他人反感，絕對無法改變他們的心，畢竟我自己還不是吃全素。我絕不會叫大家別吃肉，人不喜歡改變，不喜歡別人叫自己要怎麼做。不，我的工作只是非常平和地解釋事實，並希望其中有些人願意改變他們的飲食。有時成果相當了不起：「昨天晚上我決定吃素，」一位十六歲的男孩在聽過我的談話後這麼表示。

素食名人

漢克・阿倫（Hank Aaron），棒球球員

班哲明・富蘭克林（Benjamin Franklin），發明家、外交家

查理王子

雀兒喜・柯林頓（Chelsea Clinton），比爾・柯林頓（Bill Clinton）總統與希拉蕊・羅德罕（Hillary Rodham）參議員之女

里奧納多・達文西（Leonardo da Vinci），藝術家、發明家、雕塑家

威廉・達佛（Willem Dafoe），演員

卡麥蓉・狄亞茲（Cameron Diaz），演員

亞伯特・愛因斯坦（Albert Einstein），科學家

邁可・福克斯（Michael J. Fox），演員

理查・基爾（Richard Gere），演員

伍迪・哈里遜（Woody Harrelson），演員（全素）

史帝夫・賈伯斯（Steve Jobs），蘋果電腦共同創辦人

艾希莉・賈德（Ashley Judd），演員

比利金・金恩（Billie Jean King），網球冠軍

丹尼斯・庫辛尼奇（Dennis Kucinich），美國國會議員

甘地（Mahatma Gandhi），和平工作者

卡爾・劉意士（Carl Lewis），田徑運動員

托比・馬蓋爾（Tobey Magurie），演員

戴咪・摩爾（Demi Moore），演員

艾德溫・摩斯（Edwin Moses），田徑運動員

保羅・紐曼（Paul Newman），演員、慈善家

葛妮絲・派特洛（Gwyneth Paltrow），演員

喬治・伯納・蕭（George Bernard Shaw），詩人
希臘皇后蘇菲雅（Sofia, Queen of Greece）
還有更多、更多的人！

人們也問我，當我一開始放棄肉的時候，是怎麼走過來的。心理上眞的感覺很棒，尤其最初幾個月，當培根的香味依然使我流口水，而我卻可以爲自己的意志力引以爲傲！但是很快地，我在生理上也開始感覺好很多，某方面來說，變得更輕盈。其他放棄吃肉的人也這麼說，而這也沒什麼稀奇的，因爲當我們吃肉的時候，會浪費許多能量將肉中的毒物排出，而動物在臨死前也會努力將這些毒物排出。或許這就是我開始感到活力大增的原因吧。打從一九八六年以來，我每年在外旅行三百天，演講、開會、遊說、教學等等。從不在同個地方連續待三個禮拜，通常只有幾天。我眞的不認爲自己在三十歲時可以維持這步調，我也相信放棄吃肉是我今天之所以辦得到的原因。

若不是我老是馬不停蹄，我大概會吃全素。但是當你每年有三百天在外奔波，和世

界各地的人在一起，就很難在沒有任何動物製品的情況下維持均衡飲食。如果能自己開伙或到不錯的素食餐廳還可以，但是在家做素食或到素食餐廳用餐，在我旅行過程的絕大部分都不是選項。所以，我還是吃雞蛋跟乳酪，而我知道很多醬汁跟甜點都有放牛奶，只要可能我一定會買有機、自由放牧的動物製品，但經常辦不到。

很多人相信，肉是良好健康所必需。剛好相反。首先，人類的身體構造，並不適合經常大量吃肉。肉食和草食動物的腸子長度是有差別的。肉食動物的腸子比較短（大約身體的長度），且能將食物中無法被消化的部分，在還未開始腐敗前快速排出，草食動物則需要較多時間從吃下的蔬果吸收養分，因此擁有頗長的腸子（約身體長度的四倍）。人類也有長長的腸子，所以肉在我們的肚子裡有時會待過久的時間，換言之，人類並不具備肉食動物的生理特徵，包括可以用來撕裂、切割的牙齒和腳爪。最後，除非只吃有機產品，否則將不斷用餵食工廠養殖動物的荷爾蒙和抗生素，來污染自己的身體。

想想我們的孩子

我的姪外孫艾力克斯四歲的時候，發現他吃的肉是從被殺死的動物來的，於是立刻決定不再吃任何肉了。他上小學時驕傲地宣布他是素食者（用他四歲的方式，把這困難的字發揮到極致），到現在已經吃素一年了。一開始對他來說並不容易，因爲他眞的很喜歡培根、香腸，還有許多其他小男生的食物。幾個月來，他繼續吃魚，之後他頭一回被帶去水族館，對著魚缸裡五顏六色的熱帶魚目瞪口呆，沒多久他就將這些色彩斑爛的生物，跟炸魚柳跟魚和薯條連在一塊。「我不吃漂亮的魚了，」他宣布。但是，當他開心地站在一個個魚缸前，終於決定不再吃任何魚。而且他辦到了。現在他五歲了，強烈反對人們爲了魚翅羹而對鯊魚進行殘酷的魚鰭拔除，我猜等他年紀再大一點，說不定會成爲堅定的運動者呢。

艾力克斯從不批評家人吃肉，但是三個禮拜前在很突然的情形下，一向很愛吃肉且經常拒吃所有蔬菜的弟弟尼可萊，問爲什麼人要養雞。當他聽到的是爲了雞蛋跟雞肉時，這下子他生起氣來，宣布他也要吃素！

現在他已經吃素兩個月了。令人訝異的是，總是餐餐見肉的爸爸，也成了幾近全素食主義者，只在偶而的情況下才吃肉，而且通常是在外頭用餐時才這樣。同樣地，我的小小朋友艾芙琳・甘迺迪（Evelyn Kennedy），在四歲那年看見一輛載滿羊的卡車在屠宰途中從她面前經過，從此成了素食者，漸漸地家人也受影響，大量減少肉類的攝食量。

當孩子突然領悟到肉是什麼而後拒絕吃，總是令我印象深刻。不幸的是，他們的父母有時不允許孩子吃素，誤以爲會不利他們的健康，基於全世界有數以百萬的人因爲宗教信仰而從沒吃過肉，而其中很多人都很長壽，所以這種想法顯然是無稽之談。

有些父母擔心孩子缺鐵，因爲很多人仰賴動物製品作爲鐵的來源。但是研究人員發現，即使吃全素的兒童（不吃任何動物製品，包括雞蛋跟乳製品），只要多攝取富含維生素C的蔬果，加上各種豆類、堅果和種子，還是可以吸收足夠鐵質。英美研究也顯示，吃素食或全素長大的兒童，外表跟吃肉的孩子一樣健康、正常。

此外，也有強有力的事實鼓勵孩子少吃肉，人類暴露在「戴奧辛」和「多氯聯苯」這兩大危險致癌物的風險，其中食物就佔了九十五%，而且最多來自動物製品，尤其是肝臟和油脂豐富的魚類。人類吃進肚裡的戴奧辛和多氯聯苯的建議「安全上限」持續下降，因爲研究人員發現有愈來愈多的健康問題，都跟這些化學物質脫不了關係。

驚人的是，胎兒對多氯聯苯似乎最不具抵抗力，一旦發育中的胎兒吸收多氯聯苯，出生時往往會有較多合併症，童年也有較多機會出現行爲和發育缺陷。嬰幼兒對戴奧辛也最沒有抵抗力，由於戴奧辛的毒素也會在子宮內運行，因此在工業化社會中，幾乎每個新生兒體內都含有戴奧辛成份。暴露在戴奧辛的子宮，跟先天性缺陷、智能不足、注意力失調、過動，以及兒童憂鬱症等問題有關。

一九九九年，美國每日平均進入人體的戴奧辛，比環境保護局的癌症風險指南高出二百倍，此外根據英國的食品標準局（Food Standards Agency）表示，包含正在學步和學齡兒童在內，三分之一英國人的飲食中，可能含有達危險程度的高含量戴奧辛，這一切不安全的暴露，和呼吸道疾病的增加以及兒童罹患中耳感染與過敏反應的次數增加等，都有關連。

幸好，我們每天可以做個簡單的事，來降低暴露在戴奧辛或多氯聯苯的機率，那就是停止或限制兒童攝取肉類、魚類和乳製品。喬・福爾曼（Joel Fuhrman）醫師是作家，也是專業認證的家庭醫師，專精用自然療法預防並反轉疾病，在他的大作《讓孩子跟疾病絕緣》（*Disease-Proof Your Child*）中，有家庭營養和健康可口的食譜，書中指出我們一直被制約去相信動物製品是最佳蛋白質來源，其實豌豆類、綠色蔬菜跟豆莢類，每一卡路里的蛋白質高於肉。

「沒有人因爲吃較少動物製品，並以更多蔬菜、豆類、堅果和種子取代，而導致蛋白質攝取不足。」福爾曼醫師表示。每一卡路里中擁有最多養分的食品，其實是蔬菜跟豆類，至於富含飽和脂肪的，才是最有害的食品（我們從動物製品吸收到的脂肪）。美國等已開發國家對乳製品和肉的過度依賴，肯定是目前心臟病和癌症普遍的因素之一。

二〇〇五年春，ＢＢＣ播出一篇報導，看似與上述事實頗爲不符。文章引述琳賽・愛倫（Lindsay Allen）教授的話，表示要孩子遵守全素飲食的父母，可能傷害孩子的發育，還說到拒絕給發育中的孩子動物類製品是「不道德的」，辯稱動物食品有某些別處所無的營養素，又說吃全素的孕婦可能傷害胎兒。由於我從未聽過這類主張，因而感到困惑。直到我發現艾倫教授是以美國農業研究服務（U. S. Agricultural Research Service）代表的身分發言，這是美國農業部的分支組織，而她所引述的研究，部分係接受「全國牧畜者牛肉協會」（National Cattleman's Beef Association）的支持。

兒童與鈣

許多父母擔心成長中的兒童得不到足夠的鈣，幫助骨骼發育。雖然乳製品確實提供鈣質，但是《讓孩子跟疾病絕緣》一書的作者喬・福爾曼醫師解釋，牛奶、乳酪和奶油的飽和脂肪酸含量尤其高，非乳製品也可以提供足夠鈣質。父母不僅可以從柳橙汁和豆漿中發現豐富的鈣和維生素D，也可以將較多植物性鈣質納入兒童的日常飲食中。

吃肉如何影響環境

據估計，全世界收成的農作物，有三分之一到近半數被用來餵食給動物，使他們增肥到適合被人類食用。美國有五十六％的農地專門用來生產牛肉，英國約七成農業用地被用來栽種動物的食物。由於歐洲、日本等已開發國家吃下的動物之多，以致於每個國家都無法種植夠多的動物飼料。歐洲飼養肉用動物所需的青草和穀物，需要的空間是歐盟面積的七倍。

爲了維持這種肉類的消耗水準，歐洲農民必須從其他國家購買玉米等動物飼料，這造成巴西雨林的破壞。每年有大片處女林地被毀，這不僅爲了替牛群製造牧草，也爲了栽種黃豆或玉米，而其中一大部分都運往歐洲跟日本，來飼養當地的動物。

也就是說，隨著當地人口成長，急需用來栽種人類糧食的土地卻被外國公司接手，結果愈來愈多開發中國家如今首次得仰賴進口穀物，中國的情況很快就會相當嚴重，因爲愈來愈多人吃肉，而他們自己的農業用地卻被夷平——而且是很快被夷平——以供開發。

各種素食者

吃全素者是嚴格的素食者，避免一切動物性食物，包括肉類、家禽、魚、乳製品和雞蛋。很多吃全素者甚至避免穿皮草或使用皮革等動物製品。

吃蛋素者吃雞蛋，但不吃雞肉。

吃奶素者的飲食含乳製品，但不吃蛋。有些奶素者拒吃用黏著劑凝乳製作的乳酪，因爲凝乳的來源通常是新生小牛的胃。

吃蛋奶素者吃乳製品跟雞蛋。

魚類素食者吃魚，很多也吃乳製品和雞蛋。

半素食者又叫做吃方便素（flexitarian），會根據特殊社交場合或健康需要而改變自己的規定，像是吃家禽、吃魚、乳製品或雞蛋等。不過，多數人跟紅肉劃清界限。

滿足我們對肉的胃口

用種在國內外大片土地的玉米和大豆來飼養牲口，過程的浪費相當驚人。生產不同肉類估計需要的穀物量，會根據製造統計數字的組織的既得利益而有所不同，因此美國畜牧者牛肉協會宣稱四・五公斤的穀物，可以從飼養場的牛身上製造出一公斤的牛肉，但是美國農業部的經濟研究服務處（Economic Research Service）卻說，真正數量應該是十六公斤穀物。英國家禽業得意洋洋地宣稱，一・六公斤的飼料能在每隻動物身上產出一公斤體重，但業界並未告訴我們，每個動物屍體只有三十三・七％是可以食用的。所以說，創造一公斤可食用的肉，需要的飼料超過一・六公斤。

世界健康組織（World Health Organization）和聯合國農糧組織（Food and Agriculture Organization）製造出另一種分析，估計在一年中一公頃農地能夠餵養的人數，要看栽種的食物而定，從每公頃馬鈴薯養二十二人、每公頃稻米養十九人，到牛肉和羊肉只養一、兩個人不等。當然，人不能光靠米飯或馬鈴薯爲生，但增加肉類的生產顯然養不活飢腸轆轆的人，即使以目前的動物消耗量，我們也正在毀滅地球的農業用地。相反地，改變所有擁護大量吃肉的文化是當務之急。

在實驗室飼養魚排

當我在《新科學家週刊》（*New Scientist*）上讀到一篇文章，說有一群科學家正在研究如何在培養皿上生出肉來，我以爲他們是在開玩笑。但那是美國太空總署資助的研究，目的是看能不能用這技術，讓長途太空旅行的太空人維生。這個團隊是由紐約杜魯大學（Touro College）的教授莫利斯・班傑明森（Morris Benjaminson）領軍，他們從剛被殺死的金魚身上，取出一塊十公分的活體肌肉組織，將組織放進由牛胎血液製成的細胞培養液中。

一個禮拜後，組織生長約十四％。所以文章就說，「團隊成爲科學年鑑中，第一個在實驗室長出魚排的。」班傑明森在一次特殊的記者會中，用橄欖油和香草煎魚塊，但是沒有人能品嚐，因爲美國食品與藥物管理局並未核准實驗室栽培的金魚供人食用！此外，牛的血清可能已經遭到污染，但班傑明森說他很喜歡這道菜。「魚的味道和外觀就像直接從超市買來的，在生物體外生長的就像鮮魚一樣。看起來很棒。這是我的淺見。魚很不錯，血清蠻噁的。」

現在，他正計畫用蕈類萃取物作爲更可口的生長媒介來做實驗。但是，在實驗室生出更大塊的肌肉組織前，還有許多問題有待解決。

姑且不論其他，這肯定是科學發揮巧思的例子，對於拒絕捨棄肉類的人來說不啻爲希望，不再爲動物飼料栽種穀物，不再有土地剝蝕或海洋資源的耗竭，只有一間間大倉庫，裡頭有長在一箱箱蕈類汁液上的牛排！培養組織就像酸乳酪一樣自行複製！

不負責任的用水方式

每一公頃可以生產的相對大量黃豆，是要付出代價的。爲了生產一公斤黃豆需要兩千公升的水，相較生產一公斤稻米約需一千九百公升的水。但是，生產一公斤的雞要用掉三千五百公升的水，至於一公斤的牛肉則需要高達十萬公升的水。

基於這些事實，我相信如果我們關心地球未來，能做的一件事就是吃素，要不就是盡可能少吃肉，而且只吃自由放牧有機飼養的動物。世界衛生組織、聯合國糧農組織等組織強調，人類爲了朝向更健康、永續的飲食，一定要趕快減少吃肉，目標是二〇二〇年之前，至少少吃十五％的肉。

少吃肉和海鮮的例子

好消息是，素跟全素的食物不僅有益環境、農場動物的福祉和人類健康，只要烹煮適當也是美味的。我在坦尚尼亞時，跟印度朋友共同享用過許多頓齒頰留香的餐食，隨著愈來愈多人支持素食，素食食譜也紛紛出籠。此外，到餐廳要求點素菜時，也不再被視爲怪胎，事實上所有一流旅館、餐廳和機場，都有提供素食的選項，即使菜單上沒有，但廚師們可愈來愈擅長發明素食菜色了。像是在獅子山國一處前不著村、後不著店的小飯館裡就有位廚師，他調製的素菜之美味，於是我走到後頭的廚房建議他加到菜單上。至於在日本和其他亞洲國家吃素對我來說則比較困難，因爲有好多菜都是以魚類爲基底。美國中西部的某些部分更有過之，當地的大塊排骨和牛排是典型菜餚，但即使在那裡，我也不再被視爲多稀有的人物了。

我體認到對許多人來說，放棄肉食會是極度困難的，但是如果每個人知道並且面對所有事實，多數人會選擇大量減少肉類消耗並且只吃自由放牧的動物，要不就是乾脆不吃肉。密集飼養大量生產的肉，不僅如我們所知的嚴重傷害受害動物的福祉，也危害到人體健康，此外無論動物是工廠飼養還是放養，也都對環境造成嚴重傷壞。

珍的飲食

我兒子曾說，他希望有人能研究我，因爲他無法想像一個「吃這麼少，而且都是吃不對的東西」的人，怎麼這麼有活力！

所以，我有什麼祕密？

首先如我前面提到的，吃素讓我立刻感覺更輕盈，也更充滿活力。第二，我遵守祖母的訓誡，就是你可以吃任何你喜歡的東西，只是要適量。第三，在可能的情況下，我吃有機食物。

現在，基於好奇，我讓你對我在英國家鄉和坦尚尼亞都吃些什麼有點概念：

早餐：半片全麥土司，塗上酸橙橘子醬或馬麥特酸酵母（marmite）（這是道地的英國吃法，我的美國朋友都覺得有點像是可以食用的雜酚油！）外加一杯咖啡（陰栽咖啡，可能的話是有機且公平交易）。

午餐：青花椰菜或豆芽或一些其他蔬菜，一顆小的水煮馬鈴薯或半顆帶皮煮的馬鈴薯加乳酪。只在偶而的情況下，才會以家庭製作而且放很多起司的義大利千層麵跟起司或鹹派來做變化，接著又是一杯咖啡和幾塊巧克力或甜品。

晚餐：另一半早餐土司上擺著炒蛋，和一杯紅酒。我認為最悲慘的事，莫過於吃下一大堆東西，讓肚子漲的要命。

餐與餐之間：小點心，像是一片餅乾、一顆蘋果、一顆柳橙，總之有什麼就吃什麼。

晚餐前總是小酌威士忌，應該說是蘇格蘭威士忌。不加冰塊，只有少量蘇打水。這在我家已經是多年傳統，無論我在世界的哪裡，總是會在晚間七點左右舉杯，跟家人朋友乾杯，因為我知道我的母親凡安、歐莉（Olly）（我阿姨）跟妹妹茱蒂（Judy）

也會這麼做。（除了治療用的白蘭地外，祖母丹妮嚴格謝絕一切酒類，她的衣櫃總是放了一瓶酒，而且一擺就是好幾年。）

在我永無止盡的旅行過程中，無法照著我偏愛的粗茶淡飯，但是我在旅行時會帶著家當，以便在情況容許時自己料理，我的袋子裡一定有咖啡、奶精跟糖，外加幾包蕃茄湯，只要有個電湯匙把馬克杯（或玻璃杯）的水加熱，萬一晚到旅館，我也不必打電話叫昂貴（且經常慢吞吞）的旅館客房服務。我在坦尚尼亞的多年間，養成了儲存食物的習慣，當時的經濟狀況一敗塗地，幾乎不可能在店裡買到麵包、糖等必需品，所以每個吃不完的麵包捲、糖包等，全都被拿回屋子。把今天飛機上沒吃的麵包捲和奶油帶走，把晚餐麵包捲省下來當早餐，就成了我的第二天性，這麼做不僅使我不求人，也避免暴殄天物，再說還可以省錢。

10 全球超市

消極的美國消費者，坐著吃一頓別人做好的餐食或者速食，面對的是盛裝了無生氣、不知其名的物質，這物質經過加工、染色、裹上麵包粉、淋上醬汁、經過熬煮、碾碎、上漿、擰攪、混合、美化和清潔消毒，跟曾經存活的任何生物的任一部分完全不同。

——溫德爾・貝瑞（Wendell Berry），《吃的喜悅》（*The Pleasure of Eating*）

一個世代前，美國一般超市大概有八百個品項，如今可以找到三至四萬的食物品項，有各式各樣的包裝食品，還有來自世界各角落的新鮮蔬果。有些老師鼓勵孩子看標籤，作爲地理課教學的一部分，現在的超市已經可能在任何時間，把來自各地的幾乎所有食物聚在一地。當然這一切選擇對買得起的消費者來說看似上天的恩賜，每個禮拜有新鮮的青花菜！想吃就吃得到蒸蘆筍！一月的新鮮葡萄！

我們不常思考的，是多數食物背後的「萬里長征」。每個禮拜炒的青花菜，可能是旅行了兩千多英里後才來到鍋子裡，至於一根根蘆筍在進到蒸食器時，很可能寫下一千五百英里的航海或航空里程紀錄。最會雲遊四海的旅行家莫過於仲冬的葡萄，從智利葡萄園到美國的雜貨店，長途跋涉六千多英里。

「新鮮食物」的祕密

儘管全球超市的選擇性琳瑯滿目，但也製造過多不切實際的價值與期待。我們被「催眠」而相信，在一年的任何時候走進一家超市，看見來自任何地方的任何一種食物，是完全合理的現象。如果農產品跟著一份蓋上戳記的護照，顯示曾通過的各個國界和州界，這會產生多大的不同。如今很少人會發現，對北美洲某戶人家來說典型的「新鮮」食品，通常旅行了一千五百至二千五百英里。美國農業部的估計，每年食品和農產品光是在美國境內就旅行大約五千六百六十億公噸英里，這還不包括從海外入境的那一段。在此同時，我們對全球食物的旅行依賴度只增不減，食物旅行的里程比二十年前又多了二十五%，多數人甚至沒有想到衍生的後果，也就是說將食物弄到餐桌上所花費的能量，經常高於我們從吃這些食物獲得的能量。事實上我們從典型經長途跋涉的超市食物中獲得的每一卡路里能量，在他們到達我們的嘴巴前，早就燒掉大約十卡路里的化石燃料了。

雖說很難精確計算仰賴長途旅行的制度對全球暖化的影響，但我們確實知道載著食物的卡車運送全國，是燃料大量排放的原因。如果食物是運送到鄉下，排放的廢氣會更多。在英國，用進口食材做成的星期天「傳統」餐食，相較以當地食材做成的同樣餐食，前者造成的二氧化碳排放量是後者的六百五十倍。此外也想想，為了使食物禁得起被運送數千英里，因而在加工和運送時使用的包裝，製造出多少的廢棄物。很多家庭的加工食品都用紙製品包裝（想想好多樹木跟造紙廠）與塑膠（要花好幾輩子才得以生物分解，為每個城市的街道製造垃圾，甚至吹到樹上，使世界各地的掩埋場不勝負荷）。就連新鮮食品也通常用保鮮膜包裝。燒掉所有的塑膠也不能解決，因為它會使空氣瀰漫戴奧辛等有毒殘留物。此外由於栽培者、包裝者和雜貨業者從不被要求弄清該如何應付廢棄物的處理成本，也不被要求出一塊錢，那他們又何必試圖降低自己製造的廢物量呢？

想像如果農產品跟著一份運送文件，說明它的採摘日期、在過程中經過幾手，以及為了讓食物更有賣相而做過的所有事情，我們會發現「新鮮」農產品其實是一個禮拜或更久以前採摘的，途中經過好幾手，這也表示有很多機會暴露在細菌下。我們或許會發現，食物在漫長運送途中經過放射線照射來保持鮮度，或者也會發現它是在成熟前就被摘下，等到運送後再以「氣體」催熟。或者噴霧上色的柳橙或注入染料，讓水果看起來更熟、色彩更鮮豔，或者經過基因改造，讓水果更長保新鮮。

食物、燃料和公路

位於愛荷華州的里奧波德永續農業中心（Leopold Center for Sustainable Agriculture）彙整美國農業部的資料，以瞭解農產品通常旅行多遠，才來到芝加哥的終站市場。以下圖表係與運送到舊金山渡船廣場農夫市場（Ferry Plaza Farmers Market）的農產品距離比較，後者專售當地生長的食物。

芝加哥終站市場	舊金山渡船廣場農夫市場
（平均）	（平均）

蘋果：一五五五英里
蕃茄：一三六九英里
葡萄：二一四三英里
豆子：七六六英里
桃子：一六七四英里
冬季南瓜：七八一英里
葉菜類：八八九英里
萵苣：二〇五五英里

蘋果：一〇五英里
蕃茄：一一七英里
葡萄：一五一英里
豆子：一〇一英里
桃子：一八四英里
冬季南瓜：九十八英里
葉菜類：九十九英里
萵苣：一〇二英里

當單一作物農場試圖滿足全球食物鏈之際，也難怪他們偏好耐長途旅行且更能長久保鮮的作物和動物製品。在此同時，世界上有大量美味、有機、高營養的食品，原本要讓人們吃到剛從田野和花園成熟的，卻被全球市場排除在外。關於操縱作物品種的挑選，最令人難過的例子之一是用工業方式栽種外表呈粉白色、淡而無味的蕃茄，這種冒牌貨是在運到超市貨架的一星期途中，在冷藏卡車裡被迫催熟的，到了超市後，可能要再等個幾天才總算來到你的餐盤裡。當然這還可能是經過基因改良的品種，難怪這麼多孩子在討厭蕃茄的心情下長大！他們大概和本能上避免基改生物的動物一樣懂得鑑別。

或許，如果大費周章地運輸和在食物上做手腳，眞正是爲了養活世界上無法取得新鮮食物的地區，那還情有可原。但其實很多食物都被運到生產大量相同食物的社區和國家。回到粉白色的工業蕃茄，這種蕃茄很可能在八月的紐澤西州超市做特價，然而僅僅相距幾英里的地方，卻出產全世界最高質量的蕃茄，由當地農民栽種，在陽光下成熟，等著人們採摘。但是既然本地蕃茄並非工業食物鏈的一部分，因此永遠上不了超市貨架。目前的情況是，許多超市的採購，只向從世界各地包裝業者跟工廠農場進口食物的倉儲大量下單，當大型連鎖超市只跟幾家大規模供應商打交道就可以交差，採購人員幾乎沒有誘因向好幾家本地小農訂購食物。

所以說，依賴運輸的制度不僅沒有品質可言，也使小規模生產者遭受悲劇性的損失。

十月中，麻薩諸塞州的一家超市可以販賣來自華盛頓州的標準「紅美味」（Red Declicious）蘋果，連同其他幾個遠從日本和紐西蘭飄洋過海來的品種，同時該州的小規模蘋果農正掙扎著讓收支平衡，他們打不進超市，得仰賴顧客來到他們的路邊水果攤，有些家庭果農將祖傳果園當作昂貴嗜好，有些則是把祖產賣給開發業者。

以前不是這樣的。直到五〇年代，世界各地的雜貨業者大多仰賴附近生產者的新鮮食品。在那之後發生許多改變，包括冷藏卡車的大行其道，在美國則是聯邦政府補貼的州際公路，讓位在國家彼端的農場和另一端的雜貨業者聯繫。逐漸地，當地的糧食供應網絡，變成企業導向的網絡，控制美國絕大多數的食品生產、包裝和運送。

在法蘭西斯・拉佩（Frances Moore Lappé）和女兒安娜・拉佩（Anna Lappé）的近作《一座小行星的新飲食方式》（*Hope's Edge*）中指出，十家跨國食品公司控制世界過半數的糧食供給。換言之，區區幾位執行長就把雜貨店的貨品選項，窄化到最能爲他們公司帶來經濟報酬的產品。正如多數人乖乖吃著含殺蟲劑和基改生物體的食物，很多人也任憑這種企業的所有權，爲了大量生產而照例犧牲品質與多樣性，把經濟報酬放在人類和環境健康之上。

有機運動相當程度提高全球對工業式畜牧業的覺察和監督，下一步是創造一個更永續的制度，所以請別喪氣，我們正在對的軌道上，請讀讀下一章，看看還能做些什麼。

一調羹的糖

爲了舉例說明全球糧食分配變得多荒謬，於是加州的「永續農業都市教育中心」(Center for Urban Education About Sustainable Agriculture) 說了一個甘蔗的傳奇故事。

想像自己正坐在夏威夷一間咖啡店，把一包精製白糖倒進咖啡杯裡。你會知道你即將喝的糖，一開始其實是在對街工廠加工的嗎？但由於甘蔗還處在原始的棕色原料階段，於是被運往舊金山市郊的加州和夏威夷（California and Hawaii，簡稱C&H）煉糖廠，將它變成雪白的細粒砂糖。現在，它必須被裝在小小的密封紙袋裡給咖啡店使用，如此糖就再穿越美國本土來到紐約，在那裡經過包裝後，最後配銷到全國各地的餐廳，包括夏威夷的咖啡店在內。那一袋糖來回折騰一萬英里的加工路程，總算落到你的咖啡杯裡。

11　拿回我們的食物

食物就是力量……你控制你的食物嗎？

——約翰・席逢（John Jeavons）

穿過當地超市的走道，你會看見五年前連聽都沒聽過的東西：一箱箱有機農產品、堆著有機蕃茄醬跟玉米脆片的架子，從一罐罐有機的家傳豆子乃至一盒盒有機巧克力脆片餅，需求正在高漲。這在美國跟英國一樣是所謂的有機食物，歐洲其他地方則是生機食物。無論怎麼稱呼，這個成長中的趨勢正在改變全球農業的路線。

究竟怎麼了？是什麼導致有機食品的生產和數量大增？可以確定的是，不是因爲龐大的農企業、化學公司和食品公司突然良心發現，認定有機農業對環境跟人類比較有益。不是的。有機食品愈來愈普遍，是因爲一般大眾開始覺醒，愈來愈多人逐漸體認吃化學污染的食物固有的危險性，並擔心下一代的健康。他們開始要求超市跟雜貨店販賣有機產品。甚至願意多花點錢購買。

令人興奮的有機食品盛況教導我們的，就是人類透過買和不買某些產品，來改變全球農業的實務，這例子跟許多例子的情況都很明顯，就是雖然大公司很少在道德考量下改變，但他們對大眾如何花錢卻是高度敏感。誘因很明顯，就是獲利。如果人們偏好有機勝過充滿化學物質的農產品，業者就會有很大的誘因提供有益的東西，因爲食品業就是受消費者需求驅動。

不像許多食物的流行來了又走，有機農產品的需求看樣子是不會消失，我們想要不含化學物質的食物，希望農業制度能和環境和諧共處，能夠支持農民，並且在開發中國家提供永續農產品，這樣的慾望永遠都在，而且還會隨著每次購買、咬下去的每一口食物、每一張選票而更強烈。一九九〇年，消費者購買價值十億美元的有機食品和飲料，十二年後數字上升到一百一十億美元，照這成長率看來，美國到二〇二〇年販賣的食品將以有機居多，加拿大和歐洲也呈現同樣前景看好的趨勢。

明智的農業

有機食品日益興盛的另一個理由是，儘管大眾普遍相信有機農業系統是無效率且無利可圖的，但實際並非如此。當然大公司試圖擠壓有機農業，宣稱作物產出量少外加勞力密集，以致農民養不活自己，更遑論養活全世界。但這論點一再被推翻，因爲愈來愈多農民發現，栽種著多樣作物、採輪種方式的有機農場，對疾病的抵抗力高出許多，在不利的天候條件下也更有韌性。在美國，致力於創造有益健康的生態系統，並且不仰賴化學物質的永續農民，有二十五％如今擁有比國內的工業農民更高的產出量，有機農業的優點在乾旱期更是驚人，這時這類農場的產出量遠高於用化學物質生產的農民，一九九八年甚至高出三十三％至四十一％之譜。洪水期也是，當所有農田被水淹沒時，採單一作物的田地遭土壤侵蝕的風險，遠高於有機農作的田地。

另一方面，有機農業甚至有助於停止全球暖化。羅代爾研究所（Rodale Institute）計算，美國只要完全轉向有機農作，就可以符合京都議定書（Kyoto Treaty）中要求溫室氣體下降七％的規定。單一作物的工業化農業所使用的化石燃料，比有機農業高出約三十%。

也難怪，愈來愈多農民轉向有機耕作。一九九七年，美國有一百二十萬英畝的土地專供有機耕作，短短四年後的二〇〇一年近乎加倍，提高到二百三十萬英畝。就連大企業也爲了改善獲利而轉向有機耕作，加州最大的柑橘類種植業者派拉蒙（Paramount），打算在約三分之一的土地上使用永續農法，也就是在近三百英畝的土地上生產有機食物。

的確，世界各地的農民正轉向有機耕作，因爲這麼做比較好。我在第三章曾經提到，衣索匹亞政府對有機耕作所增加的產出量如此印象深刻，以致於將「有機農業」作爲解決飢荒和保障糧食的前幾大策略之一。有超過十萬名墨西哥咖啡農採全有機生產法，結果提高產出達五十%。如果你快速看一遍雜貨店或超市貨架，會看見來自許多國家的有機品牌咖啡(以及陰栽和公平交易,意思是說咖啡農拿到公道的價錢,而不是遭到剝削)。茶的情況也相同。

愈來愈多動物同意：有機的比較好吃

並沒有系統化的動物測試，但有些觀察說明嗅覺和味覺通常比較優越的動物，在有選擇的情況下寧可取有機而捨非有機。哥本哈根動物園（Copenhagen Zoo）的飼養員倪爾斯・麥奇森（Niels Melchiorsen）這麼說：「基於某種理由，貘和黑猩猩選擇有機栽種的香蕉。」他並表示如果拿有機香蕉給黑猩猩，他們會連皮吃下，但如果拿的不是有機香蕉，他們直覺上會先剝去外皮再吃。黑猩猩賀比所在的庇護所係由俄勒岡州班德（Bend）的一位朋友所擁有。當賀比得到蕃茄、茄子、牛奶和柳橙汁等四種食物，他會從其中三種（除了茄子外）選擇有機，捨棄大量生產的食物。

事實上，人類也偏好有機。只要經常性吃有機食物的人，在不得不吃非有機食品時會感到相當震驚，因爲味道眞的不一樣。

深層有機、淺層有機

有機運動最初是用來對治企業對糧食供給日益強大的控制力。從一開始，有機的夢想就有三個過程：在與自然和諧共處的情況下，種植有益健康的食物；保留地區性食物的豐富多樣性；以及創造一種新方式，透過農夫市場和食物合作社分配食物。

許多消費者選擇有機是因爲第一部分，也就是希望吃到的，是用虔敬的心栽種的安全、健康食物。我們在購買有機食品時，或許也相信自己正在製造繁榮、多樣性的有機食品生態系統。換言之，小小的家庭農場有成排香草和歷代相傳的萵苣，一桿桿玉米和成堆的胡瓜植株。

有機產業的包裝——許多標籤上有著田園景致和自然世界撫慰人心的形象——確實足以讓這景象常存人心。二〇〇三年的「全食超市」調查發現，絕大多數購買有機產品的人，表示他們相信有機食品是在小農場生長的。即便現實並沒有他們想像的那麼田園風光。

有機食品如今躋身數十億美元產業的一員，每年成長二十%到二十五%。那麼，大型食品公司趕搭這班列車值得驚訝嗎？舉例來說，諸如莫爾格蘭（Muir Glen）和卡斯卡迪恩農場（Cascadian Farm）走有機路線的業者，其實隸屬通用磨坊公司（General Mills）的旗下。目前漢斯（Heinz）王朝擁有各種耳熟能詳的有機品牌，包括小熊（Little Bear）、胡桃畝（Walnut Acres）和健康谷（Health Valley）。可口可樂買下大受歡迎的果汁製造新秀歐德瓦拉（Odwalla），隨著近來開發出的有機高果糖玉米糖漿，下次看到橘子口味的可口可樂還需要等很久嗎？

可是，當有機運動掌握在大企業手裡，我們就需要慎重了。再近一點看通用磨坊，北美洲第三大食物財團，你會看見他們的主要股東有孟山都、埃克森美孚（Exxon-Mobil）、雪佛龍（Chevron）、杜邦（DuPont）、道氏化學（Dow Chemical）和麥當勞。另一個頗有來頭的有機食品業者是Hain Celestial，也有個很有意思的股東名單，包括孟山都、沃爾瑪、菲利普莫利斯（Philip Morris）和埃克森美孚。

過去和未來的國王：誰擁有什麼

- 通用磨坊擁有莫爾格蘭和卡斯卡迪恩農場。
- 漢斯擁有Hain，麵包店（Breadshop），箭頭磨坊（Arrowhead Mills），吃的花園（Garden of Eatin'），農場食物（Farm Foods），想像米和（黃豆）夢（Imagine Rice〔and Soy〕Dream），卡司巴（Casbah），健康谷，狄伯萊（DeBoles），奈爾香料（Nile Spice），非凡調味品（Celestial Seasonings），西方陡坡（Westbrae），西方大豆（Westsoy），小熊，胡桃畝，莎莉安（Shari Ann's），山太陽（Mountain Sun）和米莉娜精選（Millina's Finest）。
- M&M-Mars擁有改變的種子（Seeds of Change）。
- 可口可樂擁有歐德瓦拉。
- 佳樂氏（Kellogg）擁有卡西（Kashi），晨星農場（Morningstar Farms）和日出有機（Sunrise Organic）。

- 菲利普莫利斯／卡夫擁有波卡食品（Boca Foods）和回歸自然（Back to Nature）。
- 泰森（Tyson）擁有自然的農場有機（Nature's Farm Organic）。
- 康阿格拉（ConAgra）擁有輕生活（LightLife）。
- 狄恩（Dean）擁有白波絲綢（White Wave Silk），奧塔狄納（Alta Dena），地平線（Horizon）和有機佛蒙特牛（Organic Cow of Vermont）。
- 聯合利華（Unilever）擁有班和傑瑞（Ben & Jerry's）。

以上許多跨國大企業並不如我們所想像的，跟小規模的永續農場簽約。相反地，我們看到一種新的混血型態，也就是有著一英畝又一英畝單一作物的有機農場。就拿幾乎一整年生長條件都很理想的加州爲例，有大面積的有機農場只生產一個品種的胡蘿蔔，或者大片農田的蘿蔓生菜，最終是裝在密封塑膠袋中，被送往另一個國度。這些工業有機農場不僅大舉收購農地，也接收有機市場的獲利，二%的加州有機農場業者（約二十七家大規模生產者），佔該州有機營業額的過半數。

有些人認爲，大規模工業有機農場跟小規模的永續有機農場，兩者差別在淺層有機和深層有機。淺層有機採企業的成功公式，換言之，就是同質性、熟悉性，並限制選擇性以方便長途運送，他們或許不使用殺蟲劑或基改作物，但仍仰賴大量的補助水源，並大量耗用化石燃料。由於堅持大量生產單一作物，因此這些生產者仍試著支持先天上被弱化的制度，工業有機生產者不使用密集的堆肥和作物輪種來滋養土地，而是買罐裝或袋裝的預拌「有機」肥灑在作物上，這種產品能暫時讓土壤養分大幅增高，卻無法提供密集有機農耕的生命力。

深層有機的信條

- 農民從事生物多樣性、栽種或飼養不同型態的動植物，在田地進行輪種或輪流飼養以肥沃土壤，並幫助防止疾病與害蟲肆虐。
- 尊重水、土壤和空氣等資源並使之源源不絕，如此農場就成了自給自足的生態系統，且對未來世代不會造成任何傷害。

- 農場內生態系統的廢棄物不污染附近的土地、空氣或水道。
- 除非絕對必要，否則不使用農業化學物質（且要相當謹慎，盡可能將用量降到最低）。
- 人道對待動物並給予良好照顧，動物可以表現與生俱來的行爲，例如嚼食青草、覓食或啄食，並針對物種給予合適的自然飲食。
- 農民獲得公平補償，工作人員得到公平對待，工資和福利具競爭性。農場工人也在安全的環境工作，且獲得有益健康的生活條件與食物。
- 農場爲當地的糧食分配盡一份力，將長途運輸的成本、處理、包裝和污染降到最低。

淺層有機基本上仍參與一個大規模生產、過度包裝，和將食物運送數千英里到雜貨店的基礎架構。淺層有機仍需要許多中間商和短程修改。到最後，淺層有機的成功是由獲利衡量，而非永續性。

光譜另一端是深層有機。就是你我購買有機食品時，經常想像到明信片上的農民：小規模、永續、爲土地著想，而不是企業的「效率」。因爲他們了解興盛的生態系統關鍵在多樣性，他們採輪耕和堆肥，模仿自然界的複雜關係來創造健康的土壤和植物。他們不從外地引進水，而使用天然資源確保水的流動。在收成作物時，深層有機的農民會設法在當地賣場販賣，如此不僅食物最新鮮，運送和包裝過程中的汚染也會降到最小。

一切終歸於價値觀的差異。深層有機努力栽種最美味、營養最豐富的食物並確保地球的健康；淺層有機則希望在工業的典範下符合認證標準，也難怪企業正對政府主管機關施壓，讓他們渴求的「有機」標籤替工業農業發揮更大功用。二〇〇四年，美國農業部差點放寬有機認證的標準，容許使用基改生物體和汚水淤泥做爲肥料，且食物可以經放射線照射以便更長久保存。美國農業部也考慮准許農場即使使用動物生長激素仍保有有機認證，多虧了憤怒消費者和有機農民如雪片般的信件，最後美國農業部總算打消念頭。

只要我們有一群「獲利導向」的企業正企圖鑽有機認證限制的漏洞，這樣的壓力將不太可能消失。有愈來愈多公司搶著生產有機食品，他們就愈想便宜行事。

不光是我們的想像而已……

有機眞的比較有營養。

過去半世紀以來，隨著化學爲基礎的農企業逐漸大行其道，蔬果中的礦物質含量也逐漸下滑。很多人感覺到，生長在富饒、肥沃有機土壤的食物，要比傳統種植的食物更有營養，但卻沒有許多全面性的研究來支持那樣的直覺。

二〇〇一年，營養專家維吉尼亞・沃辛頓（Virginia Worthington）和英國土壤協會（U. K. Soil Association）進行廣泛研究，比較非有機食品和有機食品的營養含量。他們的發現證實有機消費者的直覺。相較以化肥和殺蟲劑栽種的作物，他們發現有機生長的作物通常含有品質較佳的蛋白質和較高的維生素C與礦物質，尤其是鈣質、鎂、鐵和鉻。這些差異沒有極端到所有有機食品都有較高的養分，但確實證實這一路走來常識告訴我們的：土壤愈健康、食物也愈健康。

雖然很少消費者會質疑擁有全國有機標準認證的優點，但美國農業部對工業農業留下的傷痕依然無法可管。舉例來說，它沒有提到可以使用多少補助的水，也沒有規範農場勞工的標準，更沒限制有多少化石燃料可以被用來生產，或者監督過度包裝的浪費。不過美國農業部倒是要求大規模農場比照小規模業者相同份量的文件記錄。此外由於大型生產者有較多資源，來應付取得美國農業部有機認證所需的文書和官僚制度，且有較好的設備來滿足大型食物加工業者和超市的大訂單，因此他們正逐漸迫使許多開路先鋒退出舞臺，而這些人正是當初讓有機標籤具市場價值的一群。因此，當小規模有機家庭農民被工業有機農民強行逐出之際，農企業的大欺小戲碼在有機部門又再度上演。

有機食品的成本

的確，有機食品經常伴隨比較高的售價。因爲這緣故，有些人辯稱有機運動是菁英主義者的運動，只提供健康食品給最有錢的人。事實上，美國經常購買有機食物的人，所得中數爲四萬三千二百八十美元，屬不折不扣的中產階級。而三十一%經常購買有機食品的人，年所得更是低於一萬五千美元。隨著愈來愈多人購買有機食品，價格也將愈來愈低，因爲供應商必須下訂單，也就是說會有更多農民受到鼓勵而採有機耕作，因爲他們的商品會有穩定的市場，如此一來使有機食品更容易取得，也經常降低消費者付出的代價。

有些人心甘情願爲有機食品多花點錢，將此舉視爲一種慈善捐助，也就是支持地球健康或努力爲土地和社區做對的事的農民。在一些心靈的社群，購買有機食品更被視爲「什一奉獻」，將收入的一部分支持大我利益來回饋世界。但是有些人則視爲健康保險的給付，認爲只要擺脫自己與孩子體內的農業化學物質，或許能省一點看病的錢。

我們眞的買得起廉價食物嗎？

另一個議題是，我們必須好好思考非有機食品的隱藏成本。多年來，我們一直被迫在創造大量、「廉價」食物的假象下，購買用化學物質汚染地球和身體的東西。但是，它到底是多廉價？工業農耕的眞正成本從未出現在雜貨店的售價標籤上，價錢絕不會顯示納稅人爲政府補貼的農企業付出多少錢。雜貨店的價格也沒有反映我們爲受損的健康和弱化的免疫系統付出多少錢。幾乎很難衡量出我們花多少錢試著清除並且應付化學物質密集的農業對環境造成的傷害，但是估計美國每年有九十億美元之多。我們眞的再也負擔不起這種「廉價」食物了，每年在這地球上用掉的殺蟲劑、除草劑和除眞菌劑竟高達三百萬公噸！每個大陸背負著清除化學污染的經常性成本，尤其是針對溪流、河川跟湖泊。

你能做什麼

不幸的是，地球要花很久的時間，來分解並療癒使用化學物質耕作所造成的毒害。就目前看來，我們無法輕易擺脫自己做過的事，但卻可以停止繼續錯下去，而且有種十拿九穩的方法，就是吃有機。如果你買「有機認證」的食物，等於是獲得保證食物沒有化學殺蟲劑、基改生物體、化學肥料、廢水污泥，或者也沒用離子化射線來保存。

純粹主義者或許會認爲，我們不該干涉有機認證是否由企業的利益接收。但我們也一定要記住，熱鬧滾滾的有機認證運動，對於保護消費者和環境不受工業農業傷害盡了很大的力量。有機認證幫我們做好把關，強迫農企業捨棄某些比較有破壞性的作法。一整條有機麥當勞（McOrganics）或有機可口可樂（Organic Coke）的生產線或許看似詭異到恐怖的地步，讓有機先驅者的崇高意圖蒙塵。但是，我們加諸企業界的任何限制都是重要的。在同樣例子中，企業或許能將更大的經濟力量和消費者認同，給予合乎道德的小型企業，而不崩壞他們的核心價值。比如說，當M&M Mars買下「改變的種子」（Seeds of Change），等於是幫忙資助一家始終致力於永續農業，且保護種子供應的純粹度與傳承的了不起公司。

前面提到，有機食品愈來愈容易取得，足以證明消費者的力量。它告訴我們，我們正在強迫企業改變他們的農耕方式——而且其中有些還是農企業中赫赫有名的業者——才不致錯失這個最快速成長的產業趨勢。下一章我將告訴大家更多有關你能做什麼，來直接支持如此珍貴的深層有機小農。

避免殺蟲劑等化學物質

除非你以有機食品爲主，否則你家廚房櫃子或冰箱中的食物，有三分之一可能含有殺蟲劑的殘餘物。政府測試一顆非有機萵苣，結果發現有高達七種不同殺蟲劑的殘餘物。所以如果你購買有機的主要理由是降低你對農業化學物質的暴露程度，那麼最好就用有機食品來取代通常含有最高量化學殘餘物的農產品。

必買的有機食品

《消費者報導》（*Consumer Reports*）等公共安全團體，公布以下水果和蔬菜的化學殘餘物特別高，一定要購買有機：

覆盆子	葡萄和葡萄乾
蘋果	馬鈴薯
桃子	菠菜
羅馬甜瓜	蕃茄
櫻桃	冬南瓜
芹菜	草莓
青菜豆	

美國購物者也應該避免進口的非有機水果蔬菜，因爲它們一律含有比國內採樣更多的殘餘物。此外，許多化學公司把美國禁用的殺蟲劑，運到政府限制較少的國家。

認證有機食品的另一個附帶好處，就是必須在沒有很多食品添加物的情況下加工。這些食品添加物一直跟癌症、心臟病、偏頭痛、過動和骨質疏鬆症等疾病有關連。舉例來說，有些非有機草莓異常鮮豔的紅色，來自殺眞菌劑克菌丹（captan），這是一種人類的可能致癌物，會引起皮膚和眼睛不適，而且對魚類來說是劇毒。氣泡飲料中的磷酸跟骨質疏鬆症脫不了關係。至於非有機食品中的人工甘味劑阿斯巴甜（Aspartame），則和情緒波動與偏頭痛扯上關係。此外味精（monosodium glutamate）則是和氣喘與頭痛有關。

用有機餵食嬰幼兒

前面提到，兒童對殺蟲劑殘餘物尤其脆弱，常識老早告訴我們的，現在已經有了科學的證據：多半以有機食品餵食的兒童和嬰兒，體內的殺蟲劑殘餘物，低於餵食非有機食物的嬰幼兒。所以餵食兒童有機食物是相當一本萬利的事。

如果父母不得不給非有機食品，也可以讓孩子吃皮或外殼較厚的蔬菜，因爲軟皮蔬果似乎比較可能含有殘餘物。根據《消費者報導》的研究，一份桃子的殺蟲劑殘餘物「一致性地超過」美國環境保護局針對體重四十四磅兒童訂定的每日安全上限。由於殺蟲劑殘餘物可以經由胎盤和母乳（且經常以更濃縮的形式）轉移，因此懷孕婦女或哺乳的女性尤其要遵守這些指導原則。

有機葡萄酒愈來愈蔚為風潮

直到最近，多數葡萄園頻繁使用化學物質且劑量隨性，結果大規模污染周遭環境。但隨著人們愈來愈關心葡萄園的化學物質，有機葡萄酒也愈來愈受歡迎。最近我發現，有機葡萄酒在中國各地突然間大紅大紫。如各位預期的，這股風潮也吹到加州。九〇年代初，索諾瑪郡（Sonoma County）的蓋洛葡萄酒公司（Gallo Wine Company）將六千英畝釀酒用的葡萄，從工業栽種法轉為有機栽培。蓋洛葡萄酒公司發現採有機栽培的葡萄產出跟用化學物質栽培的相同，而且每英畝的成本還比較低。美國第六大葡萄酒生產者費瑟（Fetzer），已經把加州的所有葡萄園轉換成有機生產。

在我的家鄉波茅斯，我和妹妹茱蒂只要可以，一定買有機的葡萄酒。最近我拿到一個小冊子，上頭敍述有一群六百七十八隻的羊群在位於加州納帕河谷洛斯加內洛斯（Los Carneros）的羅伯特・辛斯基葡萄園（Robert Sinskey Vineyards）脫隊。那陣子的雨非比尋常的大，使得作物和雜草快速生長，因此很難取得裝備使這些羊兒歸隊。在此同時，羊屎爲土壤提供肥料，強化土中根菌的眞菌與細菌的活動，於是提高葡萄對特定維生所需的養分吸收量高達五倍之多。這群羊幫助創造了一個健康的環境，這裡的養分是慢慢分解的——一如大自然刻意設計的——葡萄在需要這些養分時才會吸收，因而增強他們的免疫系統並吸取微量元素，而這些微量元素是當它們被迫餵食合成化學物質時所沒有的。此外當然，葡萄的味道也改善了。

二〇〇五年六月，我得到一瓶名叫「大猩猩」（Gorilla）的葡萄酒，來自法國的百分百有機葡萄園孔德・卡塔爾（Comte Cathare），葡萄酒商羅伯・艾登（Robert Eden）（其父是擔任過英國首相的安東尼・艾登），用蕁麻茶噴灑他的作物，也是一種理想的天然殺蟲劑。事實上，他費了好大的功夫和地球維持尊重的關係，盡可能節省能源，並拒絕使用任何化學物質。他組了一個馬隊來犁田，以免汽油或柴油污染土地。新的酒窖是用一捆捆稻草搭建而成。他們也從太陽能板和小型風車獲得天然電力。他甚至按照自然動力學（biodynamic）（譯註：研究天象對植物的影響）的日曆，在栽種、收成、培養或修剪的時候，將太陽、月亮和星球的位置納入考量。

很快地，孔德・卡塔爾將爲市場引進新的葡萄酒，並捐出所得的某個百分比來幫助黑猩猩。這會是很棒的宣傳，不僅幫助我們在法國新成立的珍古德協會，也幫助了黑猩猩，更幫助銷售用合乎道德方式生產的葡萄酒。

12 保護我們的家庭式農場

最棒的肥料，就是農民的腳印。

——佚名

拜消費者意識高漲，加上愈來愈多人購買有機食物，小型的家庭農場才有存活機會，有些儘管經營得辛苦，卻仍是堅定以往。喬・沙拉丁（Joel Salatin）這位維吉尼亞州的農民，最近因為採取深層有機法而聲名大噪，他了解栽種食物是個自然而非機械的現象，於是努力確保自己的農場反映多樣性和生命週期，因為那對他培養的土地是最有益處的。他自稱所謂「豬曝氣」（pig aeration）的專家，會定時將玉米跟稻草灑在糞肥當中，而這些糞肥是他從飼養的牛群中自然收集來的。牛被放出去吃草，這時豬就進來，在糞堆中很自然地尋覓埋藏的玉米，結果是自然發酵與釋放氣體的肥料，也是補給稻草田的完美公式，他再用稻草餵養牛群。

不過，如果喬這樣的農民想要存活，就需要我們全力幫助，一如近來他在《紐約時報雜誌》(*New York Times Magazine*) 中提到，「政府不僅不支持我們，而且在我們所做每個層次的事情上，存在著深深的敵意。」此外最主要的是，消費者對預先包裝或速食愈來愈感興趣，這些食品仰賴聯合農業網絡，這也是促進一統性與股東獲利率的網絡。在此同時，像喬這樣的農民正在盡最大努力創造另一種類型的投資——投資在土地的未來，與吃他們食物的人的健康上。

本土：新有機

一場食物革命正靜悄悄、緩慢且深層地發生，這對喬以及愈來愈多與他有相同價值觀的農民來說，無疑是幸運的。這是一般所知「在地食物」運動（有人稱它是「新有機」）。這項運動爲全國有良心的家庭農場業者帶來希望，這是美麗且時機正好的聚合，說出我們對工業農業的所有憂慮。

有環保意識的消費者都知道，吃在地食物不僅是支持一群值得尊敬、深層有機地球守護者的小農，也有助減輕食物因過度運輸和包裝所造成的污染。

關注健康的消費者發現，吃來自永續農場的新鮮在地食物，能使工業農場產品中的殺蟲劑殘餘物、抗生素、生長激素和隱藏的基改生物體減到最低。吃在地永續農產品也提供較佳的飲食，各種營養豐富的新鮮食品，盡可能讓消費者少吃到包裝食品、加工品，或高糖、高脂的速食。

對全球文化同質性——企業連鎖店接收我們的城市、鄉鎮和村莊中如此多的商業——愈來愈有警覺的政治敏感消費者，發現吃在地食物等於對帝國主義投反對票，也是爲獨立業者奮鬥的具體方式。吃在地食物也將圍繞在食物和文化認同感周遭的傳承保留下來，而這也正是速食界威脅著要毀壞的。熱中食物的人們在非企業經營、在地食物的品質與一系列美味選擇中找到快樂。

此外，似乎每個人都認同，在地食物運動爲他們帶來與糧食供給的嶄新關係，當你想到「吃」這動作是個親密的過程，是把某樣東西直接放進身體裡，我們應該想對提供食物的人、土地和水有更近距離或至少可追本溯源的了解，有這種想法簡直再自然不過。我們曾經可以主張有這樣的了解。但現在我們連許多食物從哪個大陸來的都說不太出來，吃在地食物是重新取得社群和聯繫感的方式，這種感覺早在大企業橫梗在我們與在地食物的供應之間，就消失了。

當我們推著推車走遍超級市場，經過一排排有時差的農產品、包裝食品、刺眼的霓虹燈和嘈雜的條碼掃瞄器，購物變得像是討厭累人的工作。可是，當我們參觀農夫市場，體驗那裡如彩虹般的色彩、香氣跟味道，這時購物就變成開心的外出活動了。

別的地方也是如此，開發中國家的市場特別美好，因爲好多東西都是新的，農產品被攤在地上的大毯子上，或者用木頭桌子展示，有幾堆不多不少的蔬菜和水果，許多都是大家耳熟能詳的，像是鮮黃或綠色的香蕉、橘紅色的蕃茄、白色的大蒜球，還有色彩較不鮮豔的馬鈴薯、洋蔥、包心菜等等。但是，總有些是外表陌生、充滿異國風而且叫不出名字的東西，我永遠忘不了頭一回坐船到非洲，船停在阿登（Aden）的市場時首次見到西瓜的情景，有個皮膚黝黑的小男生站在那裡，他美得彷彿是藝術品般，在他身旁是油亮亮的深綠瓜皮，西瓜被剖開好露出鮮紅果肉，黑色西瓜子閃閃發光，就像誘人的黑檀木串珠。（那是一九五七年的事，當時英國還看不到遙遠國度的水果，所以我從未見過西瓜。）

在非洲、亞洲和拉丁美洲的街頭市場四周，多半都有股美妙、突出的氣味，那是由嬌豔欲滴的水果、質樸的蔬菜和刺鼻香料混合而成。至於雅加達的市場在榴槤盛產時則迥然不同，這種巨型水果成熟後的氣味以往被比喻成阻塞的下水道，這可眞是貼切！多數西方人對這種氣味退避三舍，連嘗試都受不了，這眞是大錯特錯啊，因爲它是道地的美味。難怪當猩猩在森林裡發現榴槤時，會如此喜愛。

歐美的農夫市場大同小異，在地生產者擺攤，展售自己種植、栽培、捕捉、釀造、醃漬、烘焙、煙燻或加工的食品，多數攤位聞起來有一種家庭製果醬或手製起司的味道，一片片剛剛摘下的杏桃或是幾口嫩萵苣。在地寶物之美與蓬勃的生氣甚至吸引遊客，認爲農夫市場是品嚐當地滋味的最佳所在之一。當地的家庭手工藝經常跟著土地的寶物一起被展示，由於農夫市場因應小規模生產者，因此成爲小規模、永續家庭農場的最佳零售賣場之一，這些家庭農場也是許多人在雜貨店裡購買有機產品時，想要支持的對象。

想想在地食品日漸受歡迎的程度吧，難怪這些熱鬧滾滾的農夫市場愈來愈成功，經常把都市或郊區與地區性的小農連結在一起。一九九四年，美國各州政府正式立案的農夫市場共一七五五家，二〇〇四年增加到三七〇六家。英國的有機食品營業額在過去十年間增加十倍，從一九九三至一九九四年的一億英鎊多一點，乃至二〇〇三至二〇〇四年的十一億二千萬英鎊。此外在兩個國家的各地，大概還有上千家尚未登記的小規模農夫市場。

在華盛頓州奧林匹亞（Olympia）的農夫市場中，有機農產品的攤位就跟現烤麵包、藥用香草、野花蜜和當地藝術家的各式手工藝品攤位排在一塊，這也是眾多農夫市場的典型。在這超人氣的水岸市場上，其中一個比較固定會出現的是波伊福特谷農場（Boistfort Valley Farm）的攤位，說到淺層和深層有機的差異時，波伊福特谷農場可說是再深層不過了。

仰賴各種傳統，例如作物輪種和覆蓋作物（cover cropping）等，業主麥克和海蒂・佩洛尼（Mike and Heidi Peroni）正在爲他們的社區居民，專心種植所謂的「生命永續」（life-sustaining）糧食，栽種方式不僅支持土壤、空氣和水，也照顧到該區域的野生動物。舉例來說，他們尤其注意別讓農場對鄰近的喜黑利斯河（Chehalis River）帶來任何環境衝擊，因爲這是野生鮭魚產卵的地方，他們的田地被成排灌木環繞，這些灌木一方面充當麋鹿和鹿的食物，也是保護作物的屏障，麥克和海蒂在農地各處留有小片土地專門種植雪莓和花紅樹（crab apple tree），做爲鳴禽的休憩地，他們甚至栽種大叢向日葵，讓蜜蜂等昆蟲輕易在農場進出，鳥可以吃種子。

除了透過農夫市場販賣農產品，佩洛尼夫婦也有大約二百名「社區支援農業」（Community Sponsored Agriculture，簡稱CSA）的成員，顧客只要每個生長季花五百美元，就可以在二十個禮拜之間，每個禮拜拿到一盒波伊福特谷農場的農產品，份量足以讓一家四口吃一個禮拜。每個盒子裡有各種用來烹煮的蔬菜，以及各種香草、做沙拉的蔬菜跟水果，佩洛尼夫婦也和東華盛頓州的有機果農簽約，把櫻桃、桃子、油桃、杏桃跟蘋果等果園的美味提供給CSA會員。

許多CSA的顧客將每週一盒的有機蔬果，比喻成每個禮拜收到聖誕包裹，有些家庭甚至搶著拿訂購的物品，爭先拆開這令人驚喜的盒子。因爲佩洛尼夫婦是專門針對西北部氣候栽種蔬菜，而不是爲了運到遠處或長久擺在貨架上，因此顧客會發現一些在長途冷藏卡車上絕不會看到的食品，更別說是典型超市的農產品選項了。由於考慮到有些人看見每週一次的盒子裡有蘿蔔（Shunkyo radish）、南瓜或羅馬豆（Roma Beans）會不知如何是好，麥克爲每週精選蔬果提供激發靈感的食譜，一如許多農民想幫助CSA的會員家庭，學會用在地、當令的食材烹煮。

「我喜歡每天在田裡工作，可以面對即將吃我採摘的食物的人，」麥克說。「一天工作結束時，最棒的莫過於坐在餐桌前，知道那一刻有兩百個家庭大概正在吃我們栽種的食物。」

來自波伊福特谷農場的每週農產品ＣＳＡ盒樣本

春	夏	秋
一把胡蘿蔔	一・五磅羅馬豆	〇・五磅黃金菇
一把黃金甜菜根	二顆甜洋蔥	一顆日本南瓜
三分之二磅雪豆	二個義大利茄子	六根玉米
一・五磅帶殼豌豆	一把胡蘿蔔	二磅青豆
一顆萵苣	二盎司羅勒	一品脫金色陽光蕃茄
一把山葵	一把托斯卡納羽葉甘藍	一顆綠葉萵苣
一把芝麻菜	一顆芹菜	一把義大利香菜

二品脫草莓	二磅夏季南瓜	二磅李子
一把紅蘿蔔	一顆包被型萵苣	一個檸檬黃瓜
〇・五磅青花菜	二磅油桃	一把夏季香薄荷
一把 Joi Choi 大蒜苗	一把向日葵	新鮮百合
新鮮的薰衣草束		

較直接的「農民—消費者合夥計畫」發想自日本，眞正的名稱叫做「提攜」(teikei)，字面意思就是「印有農民圖像的食物」。這個構想誕生於七〇年代，一群日本婦女堅決表示已經受夠了使用大量化學物質與殺蟲劑的不健康加工食品，但同樣重要的是，他們想了解並保護鄉村這群受到危害的農民。

這種消除化學物質、加工和中間人，同時創造與鄉村農民較直接關係的絕佳常識性概念，終於在美國開花結果，於是一九八五年，第一個「社區支援農業」計畫形成。隨著大家對於吃在地、永續的食物愈來愈感興趣，也愈來愈熱中CSA運動。目前全美有一千多個CSA，觸角延伸到偏遠鄉鎮，以及鄉村的居民和都市人。

多數CSA計畫跟波伊福特谷農場的類似，消費者付錢給農民，每週獲得當地農場的當令新鮮農產品。從某個角度看來，消費者變成農場股東，但這些股東在乎的不是賺取最大獲利，而是用新鮮度、養分、與農民的聯繫和心靈寧靜來衡量自己的報酬。對許多人而言，誘惑就是更新鮮、美味且經常是有機的農產品，有些人則相當同意對負責照顧區域環境的在地農民給予直接支持。但無論是農民還是消費者，幾乎每個人都表示，最大好處是和生產者建立關係。

參觀包心菜丘農場

二〇〇四年末某個和煦的春日，我參觀傑若米（Jerome）和南西・科伯特（Nancy Kohlbert）在紐約科司柯山（Mount Kisco）的包心菜丘農場。這是座全有機農場，我們參觀他們的動物，渡過愉快的早晨。有傳家品種的豬、牛、羊和禽類，對我而言就像回到小時候的農場，所有動物都在草原吃草或休息，草原間穿插著叢叢樹林。我們花了點時間跟大黑豬在一起，只要一叫名字，他們就會來到圍籬旁邊，接受大家的讚美。此外我們還見到德文牛（Devon）、謝特蘭（Shetland）羊、馬蘭（Maran）

雞，還有一群珍希的謝特蘭鵝，這是非常珍貴的品種，是當初被救出來帶到農場飼養的。我們也參觀了溫室，那裡養了鱒魚和羅非魚，又看了精緻且極端有效率的供水系統。

回到屋子，頭頂的雨雲突然展開，開始下起傾盆大雨來，雨勢一發不可收拾，還伴隨風馳電掣的大雷。正當我們走上去準備吃午餐，一道劇烈的閃電使所有燈光瞬間斷電，而且幾乎就在頭頂上。接著變得漆黑一片，廁所裡伸手不見五指！

農場的經歷令我著實印象深刻，於是我問他們可不可以爲這本書提供一些素材，也說明許多我們如此深信不疑的事，內容如下：

「我們致力於保存小型農場、世代相傳的品種、永續農業和生物多樣性，相信保存純粹基因庫是重要的，也相信世代相傳的品種對小農來說是最好的動物，因爲他們不太需要照顧：他們以自然的方式繁衍和生育，在牧草地上漫步嚼食，不需要抗生素或荷爾蒙，或是將化肥噴灑在土地上，堆肥和糞肥又回歸田地來滋養土壤，我們的魚養在大槽裡，而且餵食有機食物，水槽的水以馬達抽吸，進入一片片浮游的綠色植物區，這些植物吸收水中養分，然後讓水以純淨的狀態回到水槽，過程中沒有廢棄的水。

「所有農產品都賣到當地餐廳，包括位在科司柯山的飛行豬（Flying Pig），我們在那裡展示小型農場如何提供新鮮自然生長的農產品給小型社群，因而使小型農場得以存活。

「我們相信，大型化學公司的專利，限制農民必須購買種子、化學肥料和雜草控制，這麼做將毀了全世界的農民。」

英鎊、美元、匹索、盧比：在地出得起

在地食物運動又叫做「食物民主」，或許是因爲它代表一種取回糧食供應控制權的方式。對消費者來說，諸如CSA和農夫市場等直銷的機會，通常是用比雜貨店更合理的

價格提供更健康的食物。直銷在地食物的草根力量，也將新鮮農產品帶給低收入戶，其中紐約等城市允許居民在農夫市場使用糧票，或者用來支付CSA費。許多CSA計畫也提供分期付款和費用優惠。

小規模家庭農民經常喜歡透過農夫市場、CSA和農場路邊攤、自助採收和食物合作社等賣店，將農產品直接賣給民眾。一般來說，食物留在距生長地點愈近的地方，就會有愈大百分比的營業額到農民以及支持農民的地區手裡，一份英國新經濟基金會（New Economics Foundation）的研究顯示，無論你用的通貨是英鎊、美元、匹索或盧比，當你把它花在在地食物上，爲社區帶來的收入是向超市購買同樣食物的兩倍。

在我們的城市裡務農

布萊恩·豪威爾（Brian Halweil）在《在這裡吃：在全球超市的環境中，收復家栽的樂趣》（*Eat Here: Reclaiming Homegrown Pleasures in a Global Supermarket*）中，針對城市的現代農耕做了全面性概述，估計每個大陸約有八億人正從事都市農業，而且多半是爲自己的家庭。帶領「都市農業網絡」（Urban Agriculture Network）的賈克·斯密特

(Jac Smit)，蒐集世界各都市的現代農耕資訊，他相信七〇年代在拉丁美洲、亞洲和非洲城市中紛紛崛起的都市農耕，會隨著愈來愈多人從農村移居而愈來愈重要。早已成為亞洲大都市的北京、上海跟雅加達，面對的是即將更形惡化的可怕交通問題，其中大半是因為十噸重的食物配銷卡車所造成。我知道這些城市，而且已經是夢魘了！顯然如果他們能夠從當地城市的農場生產更大量的新鮮食物，情況將有所改善。

因此，當我讀到豪威爾描述成功的城市農耕計畫時，不禁興奮起來。他估計全球約三分之一的大都市居民向城市農業取得新鮮食物，這些是利用後院跟地下室、空地和屋頂花園種植的蔬菜水果。舉例來說，俄國聖彼得堡的五百萬居民中，有過半數在都市栽種食物。大倫敦有百分之十的人務農，其中租用小塊公有地的園丁就超過三萬人，這包括一千位左右的養蜂人家在內。過去十年來，多倫多的社區農園家數就從五十家增加到一百二十家。

位於紐約的「地球宣言組織」(Earth Pledge) 正積極推廣屋頂農園的概念，希望都市屋頂的綠化不僅提供新鮮農產品，也可以降低空氣溫度、防止污染並保存雨水。他們在曼哈頓總部的屋頂有個美倫美奐的有機廚房花園，墨西哥的屋頂花園則是以水耕技術為設計重點，摩洛哥的屋頂花園，蔬菜種在塡滿堆肥的舊輪胎裡。他們的產出被認爲跟鄉下的農場一樣多，而且用水量減少達九十%，因爲在雨水滲透到基底時被收集並再生。此外，許多計畫爲窮苦人民提供工作機會，例如在阿根廷的一處貧民窟，人們從垃圾堆撿有機素材製作堆肥，供自家菜園使用或者販賣。

在工業國和開發中國家的貧窮鄉村，一般家庭必須將過半數所得用在食物上，因爲他們無法一次大量採購。此外，他們居住的地區往往不受重視，在華盛頓特區的阿納卡斯蒂亞（Anacostia）區，當地人多年來沒有一家超級市場，只有速食賣場跟便利店。後來成立了一家農夫市場，農產品來自都市的農園，也給了居民多年來第一個可靠的新鮮食品來源。美國的禁運港口哈瓦那，在蘇聯瓦解後強迫政府介入幫助居民，如今該城市有大約九成的新鮮農產品都是自己的都市農場和菜園栽種的。

都市農園保護城市水源，使人們得以重新與土地接觸，並栽種自己的食物。此外也讓廚餘派上用場，否則這些廢棄物最終還是被掩埋，更重要的是，他們提供實際的工作機會。豪威爾敍述當過計程車司機的威利．撒斯維奇（Wally Satzewich）及其妻子蓋兒（Gail）充滿想像力的計畫，他們管理薩斯卡頓（Saskatoom）的二十塊居民菜園，他們要嘛付租金，不然就是用食物籃來抵，他們採有機耕作，經常採輪種方式，使害蟲的損害降到最低。他們累積二十名CSA會員，也提供給幾家最知名的餐廳。此外他們賺了夠多錢過安適的生活，他的其中一塊農地在一季間賺了三千九百美元。威利充滿熱忱，將他的計畫貼在網站上供大家分享，想到世界各地的人捲起衣袖重新和土地發生關係，這感覺是多麼有希望啊，我不由得笑了起來。

搶救家庭農場

每次購買在地生產的食物，等於是支持受到圍剿的小型家庭農場，就像喬・沙拉丁和麥克與海蒂・佩洛尼。美國每年有八千多平方英里的土地，因爲帶狀的購物商城、便利商店，和住宅開發計畫在郊區的廣大不規則擴充而遭吞噬，而這些土地往往相當適合從事農業。未被開發的農地經常被大企業的農地吞併，世界各地的環保人士愈來愈相信，保留永續的在地農場，和保護野外土地幾乎是同等重要。

當然，保有家庭農場的明顯好處，在於它們使我們得以接觸多樣、營養豐富的地區性食物。但是在地的永續農場也支持我們社群的健康特點，根據糧食與發展策略研究所

（Institute for Food and Development Policy）研究報告，在家庭農場受保護且繼續生產的農村，經常會有較高的就業率以及較繁榮的當地企業、學校、公園、教會和社群組織。可一旦在地農場不足，農村社群往往凋零，或者瀕臨垂死掙扎。

布萊恩·豪威爾著有《在這裡吃》一書，也是在地食物運動的領頭發聲者。談到農村的「食物沙漠」，孤立的家戶不僅得不到社區服務，甚至沒有雜貨店或農夫市場，因爲經營雜貨業的企業認爲服務這些偏遠的貧窮居民根本無利可圖，而當地農場也被工業化逼到退無可退的地步。結果，許多這樣的家庭只好到高速公路加油站旁的便利店，用那裡的高度加工食物餵養家人。

你能做什麼

個人或團體裡的個人，可以用許多方式做出改變。

拯救土地

最近，我無意間發現西維吉尼亞州史圭保（Scrabble）鎮上有一群開明的人，以及他們爲拯救消失中的農地所付出的努力。由於這個鎭跟華盛頓特區只有一個半小時的車程距離，因此這塊農地是上好的不動產，對開發商來說再理想不過。

當當地一塊三百英畝的農場被拿出來賣時，這個團體開始發揮力量。這塊地會被某個開發商買去，將它變成以兩英畝爲單位的土地，既不尊重、也不懂得欣賞周遭社群和環境的資產。結果鎭民團結起來，將各自的股票變現，提出退休金帳戶裡的錢，把自己的家拿去抵押貸款，爲的是要把農場買下。

幾個禮拜內，他們籌措了七十萬美元，儘管成果斐然，但仍低於開發商開出的價碼。然而，儘管他們沒有把那塊農地保住，但也還不放棄，目前他們已經做好準備，在融資網絡就緒下，只要其他當地農場一被推上市場就奮力搶救。有了這一章描述的農民選項，農場或許眞正能再度獲得一線生機，並以在地的健康食物，幫忙餵飽鎭上居民。

向當地農民購買

在距你不遠的某處，有一些家庭農場的經營者，正努力做有益地球的事。換言之，他們正努力以正直和尊重的態度，來餵飽家人和社區居民。除了少吃肉，向守護地球的當地農民購買食物，也是你為地球健康做出最有效貢獻的方式之一。我們對這些農場的投資愈多，就愈是讓世界成為我們想要生活的樣子，而我們留給子孫的世界，也將是他們應該繼承的樣貌。

在農夫市場購物

農夫市場是在地、永續食物最理想的來源之一，你會發現幾乎所有從當地農場鮮採的蔬菜，滋味要大大地好過旅行數千英里，才來到當地超市的農產品。務必向果菜攤老闆詢問，什麼是最好、最新鮮的農產品。美國各地的都市都有農夫市場，美國農業部的網站將所有五十州的市場做了完整的清單（詳資源）。

成為某家農場的股東

在為期二十四至二十六週的生長季期間，一份CSA約花費三百到五百美元。相對地，你每個禮拜會收到一盒盒新鮮的當令水果和蔬菜。許多CSA的計畫接受按月付款，你或許可以買半份而非一整份。（請詳資源部分查詢網址，找出你附近的CSA地點。）

參加食物合作社

食物合作社是會員擁有的事業，提供雜貨等產品給會員，通常有折扣。合作社的產品以有機居多，且很多農產品來自在地的家庭農場，若想知道附近的合作社，請上合作雜貨鋪（Cooperative Grocer）（www.cooperativegrocer.coop）網站和在地收成（Local Harvest）（www.localharvest.org），參加合作社通常不難，一般會要求你付會員費。

農夫市場、CSA和合作社大概是有機運動原始樣貌的最純粹表現，因爲這些組織提供與當地生產者直接接觸的機會，並且爲他們的努力給予直接支持。詆毀者說，一心只吃在地、永續食物，根本就是空中樓閣的烏托邦美夢。但是《這種有機生活》（*This Organic Life*）的作者，也是幫助撰寫美國農業部有機認證標準的瓊安・古索（Joan Gussow）卻這麼說：「人們經常告訴我，以在地農夫市場和CSA爲主的食物供應，這樣的願景完全不切實際，但我相信目前糧食分配的作法甚至更不切實際，只要想到石油即將用光，而我們終究是無法把食物到處運送。」

13 吃在地、吃當季

吃家栽番茄，很難不產生愉快的念頭。

——路易士・格利查德（Lewis Grizzard）

只要從當季食物的角度思考，吃在地食物的整個概念就會變得特別誘人。首先，拒絕平淡無味、充滿氣體或脂肪而腫脹、經過人工染色而且是在遙遠處採摘——趁還未成熟就摘下以方便運送——的雜貨店草莓，而是期待在六月底、七月初即將成熟、讓人垂涎的在地草莓。如果是有機，而且不像薄皮水果那般，果肉中聚集高濃度化學殺蟲劑和肥料，這樣的草莓會特別美味。我再也不能吃任何其他種類的草莓了。

當我年輕時，我們「不得不」吃當季食物，迫不及待等著第一批青豆或是抱子甘藍這種一年只生長一次的蔬菜。波茅斯的砂質土種不了很多蔬果，但我們會栽種紅花菜豆等蔬菜，到了夏季，祖母丹妮會製作奶油醋栗泥、大黃和蘋果派、黑莓和蘋果卡士達派，以及黑醋栗果醬，以前艾瑞克叔叔還會做一種加了綠蕃茄的辣椒醬，那是他的獨門祕密配方。到了秋天，丹妮把水果裝罐製作果醬，由於波茅斯鹹鹹的海風，因此我們從來沒法子把蘋果攤平曬乾。但我以前到朋友家住的時候曾經嘗過乾蘋果，這些蘋果變得愈來愈乾癟，但隨著秋天逐漸進入漫長、黑暗的冬日，乾蘋果也變得更甜。如今愈來愈少人會爲冬日儲存存糧，因爲食物都是從世界各地包裝並運送過來，想買什麼隨時都買得到。唯有決定回歸在地食物，我們才能再度懂得品味上天所給予不同季節的禮物，再一次和自然週期和諧相處。然後，即使我們悲嘆如今僅存又老又硬的紅花菜豆，但也會迫不及待第一批秋季李子即將可採收。

營養學家瓊安·古索是在地食物運動頗受敬重的先鋒，她說到在一個下雪的二月天，走出位在紐約上州的自己家前門的故事。她瞥見地面，發現有個鮮橘紅色的物體，這顏色和冬季景觀顯得格格不入，於是她伸長脖子一看究竟，結果發現一顆被咬了一口的油桃。「我想它八成是從國外來的，」她說。「而且是沒有熟就被摘下，之後被放入冷藏運送，就在它被一路運到紐約州的過程中，這麼不自然地熟成。到了紐約後，某人在某間超市買下它，咬了一口，結果當然是淡而無味、黏糊糊，讓人討厭的，於是不假思索就把它給扔了。我從那顆油桃，看到所有浪費和依賴運輸的糧食供應的不合理。」若是那個人等到當地水果在樹上成熟該有多好。再沒有什麼可以比得上咬一口新鮮、熟透的油桃那甜美的果肉，何況它的果肉還厚實到讓汁液流到下巴哩。

保護傳家之寶

當我們下定決心吃在地食物，不僅幫助當地農民，也保護本土的食物和動物。我們要的世界，是由彼此相鄰的區域構成，每個區域以特殊且鮮明的農產品聞名而且受重視，而這些農產品因爲它生長的土壤與氣候，而有獨特的滋味。但是如果不努力保護這些擁有美麗果園、堅果樹和傳統作物的獨特區域，它們很快都會被住宅開發和帶狀購物商城消滅，要不就淪爲單一作物的農場，大量生產玉米和黃豆供加工食品和動物飼料使用。

由於驚覺速食和超市的同質性威脅將掌控全世界的糧食供給，於是義大利人卡洛・佩屈尼（Carlo Petrini）於一九八六年成立慢食運動（Slow Food movement）。當我們提到慢食運動，想到的可能會是保護區域市場的全球使命，意思是積極支持作物的生物多樣性和永續農業，以及隨著在地為基礎的糧食供應，而產生的區域食物知識和風俗習慣。一開始是幾位熱心的義大利公民所成立的小型草根性組織，如今已經演變成快速擴張的世界性組織，在五十個國家有八萬多名會員，美國就佔了一萬兩千五百位正式會員。

慢食運動的許多國際性努力之一是創造一個「方舟」，也就是將瀕臨危險或絕種的農場動物、作物品種和農業技術製成目錄。研究慢食方舟會發現，美國有許多國家寶物正岌岌可危。舉例來說，方舟上列了加州布蘭海姆（Blenheim）的杏子，被形容成「有種辛辣、蜂蜜跟濃郁的香氣」。咬一口深金黃色的果肉，被認為是「難以忘懷的經驗」，這點我們同意，但除非杏子果園不受開發商染指，否則這樣的經驗很快會被遺忘。

其他水果瀕臨危險，是因為它們就是不適合這種大量運輸的超市模式。泛黃色的紐約史畢森伯格（Spitzenberg）蘋果，果肉隱隱呈現一條紅色痕跡，這種蘋果最適合從樹上摘下來現吃，但因為不適合長途運輸因此人氣下滑。羅德島綠蘋果（Rhode Island Greening）也可能消失不見，這種蘋果最適合製作蘋果汁和蘋果派，但卻無法融入平凡的超市蘋果模式。威斯康辛州的夏哥霸（Shagbark）山核桃瀕臨危險，因為農村面積日益萎縮，加上用手挖取果肉頗耗費人力。這種堅果有一種細緻而不苦的甜味，曾經是當地冬季長假時的傳統食物，幸好有幾位年長者還是珍視堅果的價值，在麥迪遜的當地農夫市場販售。

當我們保護某個地區的作物多樣性和食物傳統，也保存了對栽培和照顧這些作物的特有知識，如果任由當地農場和果園被鋪設爲道路或開發成住宅，也失去了解土壤和天氣的機會，無從認識與環境和諧共處的生產者，而這樣的知識要比化學混合物或來自基因工程種子製造業者的指導更加可貴。

來過的人

當我們珍視當季食物，也保護了用錢也買不到的祖先智慧和世代相傳的種子，這些種子歷經多年和多次收成而漸趨完美。幾百年前，易洛魁（Iroquois）的白玉米，爲居住在紐約州、賓州、南安大略省和魁北克的六個易洛魁民族提供每日所需的養分，據聞易洛魁將這玉米給了喬治華盛頓的軍隊，好讓他們度過福吉谷（Valley Forge）的冬天。易洛魁的白玉米一如當地人不可少的許多食物，也是眾多精神禮儀缺一不可的部分。

爲了保有美味質樸的滋味和變化多端的質地，易洛魁農民發展出特殊的玉米栽種法，將古老的知識從父母口述給孩子、從一代傳到另一代，目前仍然栽種玉米的少數生產者，知道讓玉米純淨美味的祖傳祕方，也曉得如何算準栽種和收成時機，以免被附近大量生產的玉米污染。西紐約州的易洛魁加他拉古斯保護區（Iroquois Cattaraugus Reservation），還是在小木屋裡燒烤玉米，或者剝去外殼後碾碎。

傳統食物才最健康

世界各區域的多元食物也滿足另一個目的：除了提供我們生物多樣性和美妙的滋味，如今研究人員相信，以傳統、本土食物爲主的飲食，往往比較有益人體健康。舉例來說，東非的馬薩伊人是牧牛者，他們以牛奶和肉爲主食，也就是六十六％的熱量基本上來自脂肪，其中又以飽和脂肪爲主。總的來看，北美洲的營養學家多半建議，平日來自脂肪的熱量不要超過三十％。加拿大籍的提摩西・約翰斯（Timothy Johns）是麥基爾大學（McGill University）的人類植物學家，他研究馬薩伊族的飲食和生活，發現他們也吃各種本土的野生植物，這些植物含有大量抗氧化劑，以及可能降低膽固醇的特點，他的研究結論是，由於馬薩伊人以本土蔬果來平衡飲食，因此通常沒有大量攝取飽和脂肪的相關健康問題。

亞利桑納州南部的托赫諾奧哈姆（Tohono O'odham）族人正試著回歸傳統野生食物，以抒解日益升高的健康問題。一九六〇年之前，托赫諾奧哈姆的保護區還不知道糖尿病是什麼，從那時起，部族開始採用典型的北美洲飲食，強調飽和動物脂肪、加工食品和很多糖。到了二〇〇四年，族人罹患成人第二型糖尿病的比率爲世界之冠，部落的半數成人被診斷出有糖尿病，有些小孩甚至有飲食相關的糖尿病。

研究人員最後做出結論，部落的傳統、本土的野生食物飲食，例如寬葉菜豆、牧豆、節結仙人掌芽胞和滿腹種子，有助調節血糖且降低糖尿病的發生及影響，所以在美國農業部食物保障補助下，托赫諾奧哈姆社區協會（Tohono O'doham Community Association）開始贊助到索諾蘭沙漠（Sonoran Desert）遠足，來蒐集部落的野生食物，他們也分送一千多包傳統種子，現在保護區的園丁正回復傳統食物和野生食物，最終希望將一萬英畝以上的種地，專門用來種植傳統糧食作物，減少棉花跟稻草等賣錢作物所使用的土地。

部落遠離本土飲食，受苦的還不光是人民的健康，與傳統食物有關的文化習俗也減少了。在重新致力於野生食物的飲食習慣下，年輕人再度學會與收成相關的習俗，部落甚至恢復暌違三十五年的求雨舞典禮，現在當部落成員在新的傳統食用作物旁邊跳舞，要求上天下雨好讓他們活下去，也爲採收的作物和部落重新燃起希望。

知名的肯塔基州作家溫德爾·貝瑞，經常寫到當代農業景觀的道德，哀嘆失去如此多的農業知識，而那也是農民花好幾代才得到的智慧。想像如果傳統食物和習俗，隨著部落長者一起凋零，托赫諾奧哈姆人將落入怎樣的命運？

慢食漸漸跟上腳步

近來，慢食運動在一次大型會議中找到動能，這是二〇〇五年初於義大利舉行的「大地爲母」（Terra Madre）會議，來自一百三十國的五千位農民齊聚一堂，探討食物的未來，以及個體戶農民及其生產的在地美食，在由政府和跨國農企業如此厚顏推銷的商業環境中，該如何存活下去。

本次集會部分是爲了回應世界貿易組織（WTO）及其它相關組織爲尋求食物該以何種方式生產和交易所舉辦的會議。與會者爲跨部門的國際食品製造商，包括來自貝寧（Benin）的稻米農、亞塞拜然（Azerbaijan）的養蜂人家、紐西蘭的毛利馬鈴薯農，以及美國佛蒙特的乳酪製造者。這次集會的目的，是要大聲提醒大家，抱著破釜沈舟決心的農民，在如今市場的全球化下依舊能夠存活。這些小型的慢食運動生產者透過彼此團結，成功提高這項運動的調性並賦予市場更大力量。最重要的是，他們找到集體的聲音，領悟到個人聲音往往因爲國際企業及其支持政黨的力量而發不出來。但是團結就是力量，一位與會者說：「知道自己並不孤單，感覺眞好。」

一次一項硬頭盔來改變世界

希望的菜餚，而非高級的菜餚。

——農夫食堂座右銘

佛蒙特州的巴爾（Barre）是個勞動階級的小鎭，也是該州花岡岩產業的中心，以採石場和墓碑雕刻聞名。就在主幹道上，有間十五英尺寬的小建物已經餵養居民七十幾年，這也是全國最具革命性且最先進的「農夫食堂」（Farmers Diner）所在地。我們在這間有著綠色聚乙烯隔間和白色「富美家」檯面的小食堂，找到一個更有希望的收成已經上路的證據。

農夫食堂是塔德・莫菲（Tod Murphy）的嘔心瀝血之作，他是業主也是有機農民。有一天，他想到不知道可不可能開一家供應美好古老的美國餐食的餐廳，不僅是美好古老又公道的價錢，用的還大部分是永續栽種的當地食材。他於二〇〇二年接下這間地標食堂，將它變成全國連鎖的原型，或許哪一天能讓麥當勞和星巴克接受考驗。農夫食堂不光是提供餐食，也代表在地食物運動的優勢，至今農夫食堂將每一塊美金的七角錢，向在巴爾鎮七十英里內居住並工作的農民和小規模生產者購買產品，你會在菜單上看見奶昔、漢堡跟蛋捲，只不過漢堡跟牛奶是來自當地牧草飼養的乳牛，而蛋捲使用的雞蛋則來自小量飼養的自由放牧雞。如果剛好當季，你可能會有一些驚喜，例如在漢堡麵包底下會有一片歷代相傳的綠斑馬蕃茄，或者一盤當地的有機草莓冰淇淋。

在塔德・莫菲看來，他正在為永續在地食物運動跟負擔不起每天到艾麗絲・渥特斯（Alice Waters）位在加州的帕尼司家餐廳（Chez Panisse）用餐，但仍懂得欣賞在地當季美食之豐富的顧客間搭起橋樑。（事實上，食堂的蕃茄是由一位以前供應有機蕃茄給帕尼司家餐廳的農夫種的。）許多在二〇〇二年開始來食堂用餐的居民，其實並不怎麼關心在地的永續食物，而只是想要美味又價格合理的餐食，雖然顧客逐漸能體會與當地建立感情的美好，但是使他們一再光顧的卻是食物。

莫菲開心談到店裡的常客，像是幾位年長的佛蒙特女士，她們是從距食堂兩個街區的受助老人院來的。「她們嚐到我們的酸菜時總是會掉眼淚。」他說。「這道菜沒有經過烹煮，只是將包心菜切碎了灑上海鹽，對許多七十幾歲的女士來說，這就是她們小時候吃的酸菜。」她們對食堂的甜菜沙拉也有相同反應，這是用四種在地的有機甜菜做成。「對許多年長客人來說，在地的新鮮食物恢復生機，使他們有機會回憶並重新品嚐工業食品泛濫之前兒時的食物。」莫菲說。「此外他們也想付出所需代價以再度品嚐。」

有時，要等到顧客開始看菜單和桌墊，上面有所有提供三餐的當地農民的簡介，才察覺食堂提供在地的寶物。顧客調查報告解釋，食堂只賣不含抗生素和荷爾蒙的動物產品，所有牲口都接觸戶外，而牧草則是每日給糧的主要部分，這也解釋奶油是鮮黃色的原因。「當乳牛在戶外吃新鮮的青草而非拴在廄欄裡，奶油就會變成這樣。」莫菲說。報告中也敍述食堂漢堡的來龍去脈，用什麼方式使得產品從農場到盤子只要七十英里，而不像大部分大量生產的牛肉，要花近兩千英里的路程。

塔德·莫菲或許是有理想願景的有機農夫，但他也是個腦筋靈活的創業家，他當然也注意到，如今幾乎每一本食物和旅遊雜誌，都會涵蓋一篇當地美食導覽，他也注意到食物的趨勢，例如饕客級的咖啡，一開始似乎迎合所得前百分之十的消費者，但最終會在中產階級之間流行。他看到在地食物運動最終成爲主流。

他的願景是創造全國性的農夫食堂連鎖。有大約五到十間食堂，跟一群當地的核心供應商合作，至今他瞄準的是位在西麻薩諸塞州先鋒谷（Pioneer Valley），另一處則在紐約市／哈德遜谷（Hudson Valley）區域，最終進入舊金山灣區和俄勒岡州的波特蘭。莫菲表示每間連鎖分店將幫助八十至兩百間當地農場，確保在經濟上得以存活。目前他正尋求投資人，並繼續深耕佛蒙特的勞動階級，他喜歡細數一群營建工人進食堂吃漢堡的故事，這群工人是從州的另一邊來到巴爾，參與當地加油站的興建。

「有一天十一點四十五分，人行道上有一大群營建工人在找漢堡，」莫菲回想。「他們的硬頭盔上有達拉斯牛仔的貼紙，並立刻佔據兩個包廂，沾滿水泥的靴子就脫在走道上。」

漢堡端上來時，其中一個人宣布：「這是從我小時候在蒙大拿州以來，吃過最棒的漢堡，這一定是從科羅拉多或蒙大拿或懷俄明來的亞伯丁安格斯牛（Black Angus）。」

不過，他的朋友卻說：「你到底在說什麼啊？你看不懂菜單啊？這是這附近來的，就在佛蒙特的史塔克斯布羅（Starksboro）。」

另一個人火大了。「這才不可能是佛蒙特的呢。我告訴你我是西部長大的，這是西部的牛肉。」有那麼一陣子，一場鬥毆看似即將爆發。

這故事尤其讓莫菲開心。「這群人不是因爲我們提供在地食物而來光顧的，他們來是爲了吃個漢堡再回去工作，但是突然間，他們卻討論起在地食物。現在有個男人坐在那兒想，乖乖這個味道不一樣，而且比其他的都好，因爲它是在地的，接著又有一個人投入感情，辯護這是在地的立場。我們這邊勝利就是這個樣子。」

另一個振奮人心的趨勢是「漢堡村」（Burgerville），這是太平洋西北部有三十九家連鎖店的速食餐廳，被《美食家雜誌》（*Gourmet*）封爲「美國最新鮮的速食」。他們的菜單跟麥當勞幾乎一模一樣，但這家迷你連鎖店向俄勒岡和華盛頓州的農民大量採購食材，有些暢銷品是當地提拉姆克（Tillamook）的乳製品，這對於主打在地永續食品的餐廳來說也許並不是多了不起的事，但了不起的在於麥當勞也急起直追。如果你開車經過西雅圖專門服務太空針塔（Space Needle）遊客的麥當勞，會看到一個明亮的標誌，用醒目的字體促銷它令人興奮的新菜單：在地的提拉姆克冰淇淋。

你能做什麼

顯然，除非而且直到農業和雜貨業的基礎建設出現戲劇性轉變，否則多數人將很難從當地取得所有食材，尤其如果是生活在第十二章所謂的食物沙漠。但是，每個人都可以為改變盡一份心力，盡可能向當地市場而非遙遠的生產者取得最多食物。到頭來，我們盼望支持地區性食物並開闢更多來源，只在補充當地主食之不足時，才向遠地購買食物。舉例來說，北半球國家就無法種植咖啡、茶、巧克力用的可可、數種香料等，當我們購買這些進口產品時，應該選擇以合乎道德並以永續方式栽種的產品，例如公平交易（意思是對外國栽種者給予公平工資）和有機，如此我們的購買行為，才不會成為剝削另一個國家工人或自然資源的幫凶。

跟當地的餐廳和雜貨業者談談

假如你偏愛的餐廳不提供任何在地、永續的選項，或者只有少數幾樣，告訴他們你想看到更多。主廚和老闆對顧客的意見通常會當一回事，就連速食餐廳也因爲顧客的壓力而改變菜單。舉例來說，想像排山倒海的顧客壓力，終於說服麥當勞提供更多樣性的沙拉和低卡選擇，好在有愈來愈多雜貨店開始認同，「在地生產」是具吸引力的新標籤。「全食超市」等雜貨店連鎖，正同心協力銷售大家都想要的在地食物，很多甚至除了供應農產品，還以當地農民的照片和評論報導爲專題。

紐約長島的金庫倫（King Kullen）是家大型雜貨商，他承諾它的五十家分店將購買長島的當季蔬果。一九九九年，它向長島農民購買價值十萬美元的農產品，二〇〇四年加碼到四百萬美元。位於波特蘭的「新季節市場」（New Seasons Market）是有六家店的雜貨連鎖業者，它對在地的定義較爲寬鬆，以「太平洋村」的標籤，代表來自北加州、俄勒岡州、華盛頓州或卑詩省的食品。就連冬天，大約半數農產品依舊來自那個區域的「村莊」。

如果你附近有一家店銷售永續栽種的在地食品，請務必感謝店經理販賣你支持的食品。如果你希望當地雜貨商賣更多在地食品，一定要要求經理賣當地飼養的肉，以及來自獨立家庭農場的蔬菜，並要求食品清楚標示。若是不好意思去找店經理，請上永續餐桌（Sustainable Table）網站（www.sustainabletable.org），上面提供一張可以列印的「我在乎」卡，列出商店應該供應更多在地食品的理由。你要做的只是在卡片上簽字後交給經理，由於利潤率微不足道，所以即使只有一小撮顧客要求特定產品，雜貨店還是會聽進去。但如我先前說的，如果你說服店經理開始販賣特定物品，你一定要履行承諾前去購買才行。

吃當季

我們訓練自己在一年中的任何時間，用世界任何地方的任何食物來計畫餐食。吃在地意謂我們也需要跟季節再度連結，從祖先的做法思考我們吃的東西，用市場上的新鮮蔬菜和當季美食來安排。有種簡單的入門方法，那就是每個禮拜吃一次在地、當季的餐食，用食物製造社交場合，邀請親朋好友前來幫忙，安排一次當季的一戶一菜活動，順便進行食譜和資源的交流。

渡過貧瘠冬月和早春的方法，就是把當地採摘的新鮮蔬果，以及有機湯和素菜等殘羹剩菜冷凍保存，供晚秋或冬季食用。（一般建議在半年內將冷凍的剩菜和農產品吃完。）

有時間也有心情的人，可以把各種食物裝罐，如此在較冷的月份就會有很多種食物可享用，有些熱心人士甚至發起在地食物俱樂部，聘請擅長烹煮在地美食的大廚，或是廚房花園、擅長製作裝罐和保存食物的專家擔任顧問，並在研習營教學。

保護瀕臨危險的食品

凡是積極參與慢食和在地食物運動的人都同意，支持保護瀕臨危險食品的農夫和工匠是很重要的。因此，在購物單上加列一些其他國家或州的食品，而這些農產品如果無法建立更大市場就即將會絕跡，這不失爲一個好點子。舉例來說，托赫諾奧哈姆部落計畫將在地食物開放郵購，慢食網站提供各種連結到販賣瀕臨消失食品的零售業者，本書最後的「資源」篇也列有一些以郵購保存食物的國際團體。

新鮮、手採、家庭栽種

當然，你能吃到的最在地食物來自你家花園。二次大戰期間，許多美國和英國公民體認到有必要創造更自足的糧食來源，無論鄉下或都市，全國各地的人民組成勝利花園

（Victory Gardens），爲家人、朋友和鄰居張羅食物。如今由於愈來愈多人關心自身健康，再加上全球化糧食供給的不堪一擊，導致家栽食物的風氣再起。

如果你住在寸土寸金的都市區，還是經常可以找到社區花園——有時稱做「豆角地」（pea patches），只要一點象徵性的費用或自願奉獻時間，就可以換得一小塊地。美國各地有超過一千萬個都市人，用這種方式在小花園種菜。三十八個美國的城市舉辦社區菜園計畫，全國六千個社區菜園有三分之一是在過去十年間開設的。歐洲跟部分的非洲也建立了類似制度。（詳見「資源」篇的美國在地社區園藝協會〔American Community Gardening Associaiton〕，了解尋找當地菜園的資訊。）

萵苣是個不錯的切入點，一來栽種容易，又很快有成果。蕃茄是另一種理想的入門植物，因爲種在你家菜園會更加美味。雖然人們很想從美味的家傳蕃茄著手，但比較標準化的品種往往較容易栽種，櫻桃蕃茄尤其是生命力旺盛、易於栽種，也因此比較會有成就感。從小規模開始，多專注在優質有機土壤的準備工作，而且只栽種幾種植物。

了解雜貨店食物從哪兒來

多了解食物從哪裡來，會是一件有趣的事。食物旅行了多遠才來到我們的餐盤？用何種方式栽種、飼養、捕捉或宰殺？研究雜貨店紙箱或包裝上的標籤，有助於發現哪些產品是當地生產，哪些是從大老遠運來的。如果蔬菜來自當地農場，我們對農場了解多少？它使用很多肥料跟殺蟲劑嗎？如果是，我們眞的想吃這些蔬菜嗎？我們想買這些蔬菜給孩子、客人和自己吃嗎？或許我們選的水果來自國外，我們知道那個國家在地圖上的位置嗎？那裡的人過著怎樣的生活？這些教誨對孩子尤其重要，珍古德協會的「根與芽」青少年全球計畫中，專爲小學生設計的專案之一，就是讓學生體驗家中餐食的成份，然後帶到學校的團體討論，這是學習地理的最佳方式之一，過程中也會吸取很多其他資訊。

我們需要跟食物建立更緊密的連結，因爲畢竟這些食物會融入我們的身體，進入我們的肌肉、神經和血液。我們的身體是由吃和喝的東西所構成，所以一定要開始根據這個原則去選擇食物。

在地的專門知識

印度洋在二〇〇四年的地震後製造駭人的巨大海嘯，孟加拉灣的安達曼群島（Andaman Islands）尤其遭受重創。但是，由於全球化並沒有將在地食物或在地知識全然抹滅，因此加洛瓦（Jarawa）、安格（Onge）和山帝納雷斯（Sentinelese）部落總算在大浪中活了下來。《國家地理雜誌》（*National Geographic*）的撰稿人柏尼斯・諾登柏姆（Bernice Notenboom）專精在地文化，他告訴我們，部落在居住島上的六萬多年，累積了對海洋、地球和動物移動的覺察，口述歷史使他們在一開始感覺到地震時就採取適當行動。他們的狩獵採集生活方式，仰賴群島上的野生食物，使他們得以在海岸被潮波襲擊時，躲到樹林以求存活。此外，沒有明蝦場或觀光旅館毀壞紅樹林的屏障。

相較之下，附近卡爾尼可巴爾（Car Nicobar）島上的尼可巴爾人就沒那麼好命，諾登柏姆說。由於食物和生活方式都與本土印地安人相似，因此尼可巴爾人的古老教誨已經失傳，任由他們的樹林被砍下，改種椰子和蕃薯。由於地處地震帶，又沒有樹木保護免於浪潮侵襲，最後造成十二個村子被海浪淹沒，許多人罹難。那些死裡逃生的人，在地震過後比較難以應付困境，因爲他們不再具備足以謀求生存的在地知識。

14　全球的有機風

人類只是共同享有地球。我們只能保護土地，不能擁有它。

——酋長西雅圖（Chief Seattle）

我們爲什麼該關心世界各地發生什麼事？就算不去擔心非洲、印度或中國，家裡的問題還不夠多嗎？不幸的是，隨著企業全球化將它的控制延伸到前所未見的地表各處，我們認爲都市菁英的需求，對開發中國家的窮人造成嚴重且負面的衝擊，比方說爲了在美國市場販賣廉價漢堡而毀壞巴西雨林，或者非洲的廣大傳統農地被賣給外國公司來栽種咖啡或茶，而兩者的營業收入是不太可能讓住在這地區的人獲益的。

換個角度看，美國政府補助玉米農，結果造成玉米在美國市場的氾濫，也把價格壓低到小農即將歇業的地步，這也表示廉價穀物可以用來抒解國外的飢荒。雖然解決飢荒問題也許是首要之務，在許多情況下拯救了成千上萬的生命，但也可能適得其反，因為在受飢荒摧殘的地區，農民將無法銷售他們的作物，而這或許會造成毀滅性的後果。

最後，在國家之間運送的食物量，打從六〇年代起增加兩倍，但這對出口或進口國當地的小農卻沒好處，反而造成富有國的人民消耗愈來愈多貧困國家的糧源。現在有了全球企業架構，在這架構中的低度開發國家正在跟人口過剩、貧窮和飢餓奮鬥，同時窮盡一切土地和自然資源，來餵飽富裕世界的人民，然後把外匯放進往往是貪腐的政府官員口袋裡。此外，進口國家的小農卻無法跟廉價的進口農產品競爭，不只如此，雖然貧窮世界的孩童往往正餓著肚子，甚至是餓死，但已開發國家的兒童卻面臨肥胖症的疫情。我們顯然不能再坐視不管了。

繼續懷抱希望

我們在全世界的貧窮農村社區中，找到永續農業成功且充滿希望的案例。當我們說永續時，意思當然是指之前探討過的深層有機農耕，也就是用堆肥滋養土壤、採生物害蟲控制、作物輪耕，與牲口輪替，而且不用化學殺蟲劑或肥料。有個類似的計畫就是將來自肯亞馬庫猷（Makuyu）貧窮社區的農民，與肯亞有機農耕中心（Kenya Institute of Organic Farming）連在一起。就在這個伙伴關係建立前，馬庫猷的農民在荒蕪土地上使用農業化學製品，拚命想種出足夠的食物餵養家人，在了解類似古老、傳統農耕的永續、有機農耕方法後，他們發現蔬菜作物的產出不僅上升六十%，竟然還有剩餘的糧食。

不過，好消息不僅止於此。農民決定開一間當地食物的合作社來販賣多餘糧食，並將獲利回饋社區。於是馬庫猷的合作社就有能力幫社區會員買乳羊、養蜂箱、兔子和家禽，並栽種包括二千棵芒果樹在內的兩萬株樹，讓樹木被砍伐殆盡的地區再現生機。在此同時，社區的心情從絕望轉爲樂觀，馬庫猷的有機農民從此教導這地區的其他農民學會永續農業。

這還不是單一案例。祖兒・普雷悌（Jules Pretty）是艾賽克斯大學（University of Essex）的環境與社會中心（Centre for Environment and Society）主任，並著有《活的土地：歐洲農村的農業、食物和社群再生》（*The Living Land: Agriculture, Food and Community Regeneration in Rural Europe*）一書。他研究世界各地的社區中，農民正以永續有機農法，來取代合成的農業化學物質。他發現，只要不再仰賴昂貴的進口農業用化學物質，就可以提高產出並降低生產成本，由於永續農耕往往屬於密集勞力，因此可以爲當地和地方社區帶來更多就業機會。

普雷悌寫到影響瓜地馬拉和宏都拉斯大約四萬五千農民的專案計畫，這些農民如今使用有機農耕，並將玉米產出變爲原來的三倍，他們也藉由將高地農場多樣化，創造出更在地的事業和財富，且激勵移居城市的人們返鄉。他也表示在孟加拉、中國、印度、印尼、馬來西亞、菲律賓、斯里蘭卡、泰國，和越南有一百萬名濕地的稻農，已經改採不用化學物質的永續農耕法，並提高約十%的產出。

不過，此處是有風險的。提高的食物產出量一定要被特定區域的人口最適化加以平衡，不管多謹慎地耕種，沒有哪個土地能夠用任何方法生產出足夠的糧食，以便和目前世界許多地方的人口成長步調配合。當居住某個區域的人數，對那個區域的產能來說太多，這些居民就會試著搬到其它地方。在許多情況下這已經是不可能的事，因爲人實在是太多。如果他們夠富有，能夠從別處買食物，那麼他們就是剝奪其他區域的自然資源，如果不對人口成長加以限制，我們將不再可能在這地球上生活。即使理論上能餵飽比目前地球上多好幾倍的人，但是我們有多少人會想住在一個地球，其實是由村莊、城鎮和城市全都匯聚成一個大的都市區，並由此蔓延且佈滿整個地表？

幫婦女照顧地球

在坦尚尼亞，珍古德協會於岡貝國家公園周遭的三十三個村莊發起TACARE（Ta(ke) Care）計畫，這項計畫引進具燃料效益的爐子，以及樹的苗圃、最適合坦甘伊喀湖四周陡峭岩壁的農耕法，以及預防或治療土壤侵蝕的方式，大幅改善十五萬人以上的生活。所有方法當然是建立在有機、永續的土地使用基礎上。

TACARE成立了九家小型微型貸款銀行（根據葛拉敏銀行〔Grameen Bank〕的模式），所以如今一小群婦女可以展開自己的環境永續計畫，優秀的女學生可以申請獎學金供她們讀中學，此外TACARE也提供婦女的生育健康諮詢，包括家庭計畫和HIV-AIDS教育。之所以把重點放在教育女孩跟婦女，部分是因爲傳統上她們的生活條件一直嚴苛到無法被接受的程度，尤其還是因爲世界各地均有跡象顯示，一旦婦女的受教育程度提高，家庭的人口數也會跟著下降。

如今，所有TACARE的村莊都可以從自己的林地收集木柴生火，因爲這些林地在靠近人家的地方，栽種了生長快速的樹種。當他們不必一個勁地砍伐長在光禿山坡上的殘株時，一種新的樹就從看似死寂的樹林裡竄出來，並在五年內達到二十至三十英尺高。現在「TACARE樹林」已經在許多村莊形成風氣，我們現在正初步嘗試將TACARE計畫複製到非洲其他地方。

一切始於土壤、終於土壤

全世界有九成以上的糧食來自土壤。如果想到食用的動物是以植物爲生，那麼我們所吃的每樣東西都源自土壤。因此，當看到聯合國最近的一份報告表示，每年有超過一千萬公頃（兩千五百萬畝）耕地的表土被風雨沖刷時，著實令人憂心不已。三億公頃的面積原本可以生產足夠的糧食來餵養全歐洲，如今卻變得貧瘠到不堪農業使用，至少在可預見的未來是如此。基輔大學（University of Guelph）的瓦德・切斯沃茲（Ward Chesworth）博士說：「農耕已經在地球上製造農業的傷疤，影響所及達到可用土壤的三分之一。」

土壤的退化，大部分是因爲將林地和森林清除以栽種作物，並且收集柴火來餵養開發中國家不斷增生的人口所致。以西非的象牙海岸爲例，在清除樹木前每年每公頃約喪失表土〇．〇三公噸，但在樹木被砍伐殆盡後，則是每年每公頃約九十公噸。目前印度每年失去六十億公噸表土，多半是因爲濫墾山林的緣故。中國的面積大約等同於美國，人口卻是美國的三倍，可用農地只有八分之一，而這寶貴的土地，在許多地方正加速成爲沙漠。這整個過程已經進行了數百年，但過去五十年來，人口成長使人們企圖在愈來愈稀有的土地上栽種作物，進而使問題日益嚴重，於是稀薄的土壤沒多久就因乾竭耗盡而被吹走。一九五〇到一九九〇年間，每人可生產糧食的土地面積下降一半，在那之後儘管耗盡心力，但問題只會逐日加劇，結果經常演變成大型沙塵暴。九〇年代出現過二十三次，二〇〇一年，塵土雲吹過中國上空，規模之大導致北美天空頓時被遮蔽。

目前，隨著新市鎮和工業開發從城市向外放射，中國的農業問題也隨之惡化。因爲農地漸失，導致整個國家適合耕種的土地百分比持續下降。有鑑於此，盡可能使被掠奪的農地再生顯然是首要之務，而且刻不容緩。無論多富有或者多貧窮，人們再也不可以繼續摧毀地球的未來。然而，要了解怎麼做並不困難，在許多地方，人口的成長導致居住在某個地區的人多過土地所能支持的限度，當他們拼命求生存之際，也砍掉愈來愈多的樹木，而且經常是在不適合栽培作物的地方從事農耕。這樣的情形就發生在曾擁有茂密樹林的岡貝國家公園外，八〇年代初期，公園外幾乎所有樹木都不見了，栽種作物的田地往丘頂一路延伸，來到公園的邊界。在雨季期間，每一場大雨將寶貴的表土沖刷到山谷，並經常直接流入坦甘伊喀湖。一旦較高山坡的樹木消失，往往造成山洪爆發。我曾拜訪一個湖邊的小村莊，那裡在類似山洪爆發時就曾將半數房子沖毀，造成十五人罹難，岡貝周遭的人就像非洲各地的許多人一樣，窮到無法向其他地方購買食物。有些人搬走了，留下親戚朋友往南邊較不擁擠的地區碰運氣，其他人則因無計可施而留了下來，試圖從愈來愈貧瘠的土地弄些食物出來。

TACARE有個最令人興奮的專案計畫，就是幫助人們整理過度使用的土地，並收復因爲砍伐山林、過度使用和腐蝕導致外表看似死亡而後遭棄置的農地。如今有兩座草木茂盛、綠意盎然的示範農場作爲模範且頗受當地農民歡迎，這些農民成群結隊前來取經，這種令人驚奇的快速再生能力，在熱帶地區的許多種樹木上都很常見。他們有時還會採取一些像是在最乾旱的地方製造土壤的方法，只需要有一點點的雨就好。

如前所言，被企業佔據的全球糧食市場，往往製造出導致寶貴土表、水和森林等資源退化的污染性植栽與工業農場。類似TACARE的社區計畫，爲世界各地的農民創造廣袤的景觀，這些人不因立即的金錢誘惑而遭收買或妥協。相反地，主要誘因會是創造最適合農民及其家人、土地和消費者的永續農場，而這些人都是從土地獲得滋養的。

給在地居民的在地食物

諸如此類的專案計畫，給了我們無窮希望，讓退化的土壤得以復原，並以安全的方式提高世界各地的作物產出。但是全球有機農業愈來愈受到歡迎所造成最具啓發意義的結果之一，在於它強調在地食物經濟的重要性。有些懷疑論者可能會將在地食物運動嗤之爲一種中產階級的食物趨勢，專門迎合那些來吃美味有機餐食的有閑的有錢人。但是，吃當地的永續食物絕不只是一種奢華的選擇，而是全球都該遵守的使命。目前地球有三十八%的土地面積用來栽種作物或牧草，隨著人口持續成長，這個比重將只能增、不能減。有些人預測，未來幾十年間我們的糧食供應將至少需要加倍。甚至增加三倍，才應付得了地球人口的成長。使用有毒的化學合成肥料、殺蟲劑和除草劑、動物飼料裡加入生長激素和抗生素，用放射線照射食物，以及基因改造生物體來提高糧食產量等行爲的正當性，部分建立在一種理論基礎上，那就是少了這些產品，世界將無法餵飽自己。情況並非如此，就算是吧，一大堆受污染的食物會是解決之道嗎？

你能怎麼做

購買在地的永續食物，也等於支持一種新的糧食規範，那就是讓在地的社群而不是少數幾家跨國企業從交易中獲益。不過，這麼說的意思並不是說必須停止所有糧食交易，或者不再購買世界其他地區特有的食品，而是轉移優先順位，可能的話以在地食物爲主食。如此一來，只有在當地資源無法滿足社區的地方，才進口食物。

買公平交易和有機的進口食品

購買其他國家——尤其是來自開發中國家的食物時，一定要確保產品是在符合環境和社會道德下栽種和收成的。換言之，盡可能購買公平交易和有機的產品。當任何人吃在地有機食物，比較不可能成爲壓榨其他國家的人民或寶貴自然資源的幫凶，並不是每個區域或社區都能夠或應該生產所有食物，但是，讓貧窮的低度開發國家替其他國家來栽種賣錢的作物，而他們自己的人民卻餓肚子，這樣是說不通的，同樣地，讓富有國家進口賣錢作物，而自己卻早已經大量種植相同種類的食物，這也是說不通的。

喝合乎道德的咖啡

假如你跟我一樣每天都要喝咖啡，那麼每天早晨你可以透過做某件事，來降低你暴露在化學物質下的程度、同時又是在支持安全農業，並保護熱帶森林。舉例來說，購買蔭栽咖啡，等於是對某位農民在雨林大傘下栽種的作物進行投資，用這種方式栽種作物不僅保護叢林，甚至也保護了全世界的候鳥。若不是蔭栽咖啡，你的咖啡可能會是種在輪廓鮮明、工廠形式的咖啡種植園裡，完全仰賴農業化學物質。

蔭栽咖啡要求的化肥比較少，有時甚至不需要，因爲植物屬於森林複雜生態系統的一部分，自然會添加養分到土壤裡，就連灌溉都不必要。因爲樹木的遮蓋提供足夠庇蔭，減緩了因蒸發而流失的水分。祕魯的蔭栽咖啡農，可以從販賣生火的木柴、水果和藥草等賺取三十%的收入，這些全是蔭栽系統的自然特點，如果你希望百分之百確保這些作物不使用農業化學物質，認證有機就是對的路子。

公平交易咖啡意味著你投資在一個系統，那就是以一個「公平的價格」，來購買生產者辛苦栽種的咖啡。令人驚訝的是，不採公平交易的公司，每天付給一般咖啡農不到三塊美元，想像農民每天必須用一般美國人用來買一杯拿鐵的錢來餵飽家人、教育子女，並維持他們的家和事業。如果每個人都堅持只喝符合道德的咖啡，我們就能幫助農民保有尊嚴，以及他們對土地的所有權（讓企業無法染指）。我們將降低化學物質汚染地球的程度，保護候鳥的未來。我們每年也能保有近兩千五百萬英畝的雨林。

一次一杯，就可以幫助反轉森林毀滅的趨勢。在多數情況下，森林和林地能夠也將再生長回來，只是不會如之前那樣地立即，而且也不太可能恢復原來的樣貌。但是大自然是強韌的，而且永遠有創造力。所以，當你每次買一袋咖啡豆或者喝一杯咖啡時，就可以完整享受它烘焙和香氣的愉悅，並且確認自己正在保護世界的熱帶農民以及他們珍貴的地貌。

15 如何餵養我們的孩子

如果重新觀察，一根胡蘿蔔引發一場革命的日子即將到來。

——保羅・塞尚（Paul Cézanne），食用校園座右銘

當我的兒子葛魯伯還小的時候，我曾有那麼一段時間喜歡做菜。尤其是在岡貝用木柴生火煮食。由於狒狒的緣故，白天不能把食物拿到外頭，但是等到天一黑，當他們安穩地睡在樹林裡，我就會點一小叢火做晚餐。葛魯伯愛吃煎薄餅，尤其喜歡把餅往空中拋，在沙灘上拋薄餅還眞是個挑戰哩，萬一漏接可就不能吃了！不過，我的第二任丈夫德瑞克就頗精於此道。

一天晚上我們正在吃薄餅，這時葛魯伯突然細聲細氣地說：「你看看克瑞森！」克瑞森是一隻非常溫順的麝香貓，經常跟著一群果子狸和各種貓鼬一起來，吃我們每晚的

剩菜，這時候他會從後面趨近，拿走一片才剛做好的薄餅，德瑞克跟我四處張望，就見他正仰著頭走開，口裡還叼著一片薄餅，努力想把餅對折。這眞是絕妙的光景，讓我想起小時候的狗狗魯斯提，被發現嘴裡叼著一整個巧克力蛋糕在草地上跑著，眞是滑稽，但也很驚人。那時戰爭剛結束，祖母丹妮省下當時仍屬於配給的寶貴材料，爲茱蒂跟我的生日做了那個蛋糕（我們同一天生，只是相差四歲）。於是我衝到花園，對著魯斯提大吼，結果蛋糕就從他嘴裡掉下來。我在想，不知道有多少人會無視於少了一大口的生日蛋糕，而且是被狗咬的！

厄爾瑪·隆包爾（Irma S. Rombauer）在她一九五三年版的古典食譜《烹飪樂》（*The Joy of Cooking*）前言中，建議女性「即使妳的頭髮揪成一團，毫無魅力可言地滴著水」，也要保持平靜。她說，外表固然重要，但卻不及創造一種平靜優雅的氣氛，「一頓餐食代表努力跟金錢，」她解釋。「値得用莊重的一小時來享用。」

在應有的尊重下，我認爲大夥齊聚一堂交談同樂，應該是共享餐食的主要目標。於是我以懷舊的心，回顧童年有過的所有餐食，母親凡安或祖母丹妮在狹小的廚房流理檯烹煮食物，用餐則是在廚房的飯桌上，或者在特殊情況下，在飯廳吃。丹妮廚藝很好，她拒絕參考食譜，而比較喜歡憑自己的感覺來決定份量跟口味的濃淡。我們的餐食從來不花俏，因爲除了基本食物以外，我們根本買不起其他東西，但味道卻總是很可口，像是牧羊人派、千層麵和義大利麵等，到了禮拜天則通常是非常小塊的烤牛肉，配上烤馬鈴薯和胡蘿蔔或者豌豆。肉來自草地上嚼食青草的牛，蔬菜則是沒有化學物質（那年頭還沒有密集農耕），我們必須準時上桌，因爲把食物放涼顯然是對廚師的不敬，加上我們也餓了。我想。曾經有一個銅鑼掛在大廳的鉤子上，茱蒂跟我喜歡用一根前端有襯墊的棍子敲它，那個鑼是丹妮當初經營療養院時留下的，用來召喚院民走出各自的房間。

用餐時，我們被要求要舉止得宜，坐有坐相，不准大嘴咀嚼，喝湯跟吃豆子也要守規矩。不過，在柏區斯（Birches）吃飯幾乎都很好玩，大夥你一言、我一語（「滿口食物不要講話」是不變的請求，只不過每天都被遺忘或者不當一回事），開懷大笑，彼此捉弄，而且不會偷偷把不吃的東西扔給飯桌底下的魯斯提！艾瑞克舅舅回家渡週末時，凡安就會多花一點力氣要我跟茱蒂守規矩。他是個不折不扣維多利亞時代的人，絕對認同《烹飪樂》作者厄爾瑪・隆包爾對「尊嚴和莊重」的重要性的信念，跟我們在一起時當然也絕不會將此拋諸腦後。當我們準備離開飯桌時，會問：「請問，我可不可以下桌？」不過艾瑞克舅舅會要求這麼說：「請問，我可不可以失陪？」話一出口茱蒂跟我發出小女生的咯咯笑，因爲我們在學校就是這麼請求去上廁所的！

打從我小時候以來，世界許多地方的社會發生過巨變，基於選擇或是經濟的必要性，很多孩子被養在屋內，所有成年的家庭成員則在一旁工作，而且不再有時間或意願花好幾小時在廚房準備我小時候享用的那種餐食。孩子們吃的垃圾食物不僅愈來愈多，這些食物對他們的健康往往有災難性的影響，而家人聚在餐桌上的景象也愈來愈稀少。這種現象造成家庭的崩壞，也是我們這個時代的悲劇之一。

在幾乎所有的文化中，全家人共進晚餐是在享用美食的同時藉由述說白天的經歷並分享觀念來凝聚家人感情。根據全國性的調查，這年頭不到半數的英美家庭眞正每天坐下來一起吃頓飯。等孩子上了中學，很多家庭甚至完全放棄在一起吃飯的機會，這對孩子來說不是件好事，尤其獨自進食經常導致吃下一堆糖份跟零嘴。看電視也妨礙家庭的滋養，一份塔夫特大學（Tufts University）的研究發現，用餐時總在看電視的家庭，相較在晚飯時關掉電視的家庭來說，前者吃的水果和蔬菜比較少，披薩、垃圾食物和汽水則比較多。相反地，根據哈佛醫學院（Harvard Medical School）的研究，放慢步調、把所有電子的刺激物插頭拔掉，聚在一塊吃一頓自家烹煮的餐食，這樣的家庭遵守每日五蔬果的可能性，是不那麼做的家庭的兩倍，而且前者吃下油炸食物跟汽水的可能性也低很多。

在家用餐不光是補充大量養分。研究顯示，經常跟家人用餐的孩子，在校表現往往比較好，行爲問題也比較少，這也爲青少年的風險期提供一些預防措施。根據明尼蘇達大學的調查，固定與家人用餐的青少年成績較佳，而且表示對目前的生活較滿意，對未來前景也比較樂觀。他們也比較不可能抽煙、發生物質濫用、沮喪、有自殺傾向，或發生飲食失調等問題。

二十一世紀爲工業化國家帶來許多機會和便利性，相對地也造成飲食習慣的崩壞。家庭關係受到嚴重考驗，我們的食物愈來愈沒有營養，身體卻愈來愈肥胖，每個人都在趕時間，工作更多但享受生活更少。在日本，許多成人哀嘆「旅館家庭」的現象，家人住在同一間屋子，但幾乎沒時間聚在一起或者共同用餐。

正當我們企圖拆解工業農業的基本架構，或許同時也應該質疑將速度與方便的生活型態，看得比家人一起烹煮並享用美食還重要。在超市購物要比逛一家家商店（其中有許多店已經不在了）來得快速，包裝上的標籤告訴我們，各種可以用微波爐加熱的餐食也是有益健康的食物，但其實往往不是這麼回事。人們之所以購買，是因為這些食物省下烹煮的麻煩，也因為它節省時間，於是速度、方便性和熱量都提高了，卻沒能使我們更親近孩子、使婚姻更穩固，當然也沒有增進健康和營養的品質。

由於孩子動輒被剝奪在餐桌上跟家人聯絡感情的機會，加上在家吃的食物品質愈來愈不利他們的健康，如果我們能確保他們的營養需求可以在學校被滿足，這會讓人稍感寬慰，說來不巧，情況很少是這樣。

學校餐食

我清楚記得學校的午餐——簡單、量很多（可以盛第二次），雖然烹飪得不怎麼樣，像是湯湯水水的高麗菜和肉汁裡還有塊狀物，但卻營養豐富。多數時間都有某種肉類（不多就是了），或是乳酪（乳味不怎麼重），禮拜五會供應魚。我還記得用叉子壓下一截過長的大黃——跟一條被大黃染成粉紅色的毛蟲——結果彈出去的情景，大家當然都尖聲大笑，發出驚嚇的聲音，就像小學女生那樣。但是，那天我坐在高桌前——我們輪流坐，在校長監視下——注意到在她的沙拉上，某片菜葉有個很小的蛞蝓，大家並沒有發出任何聲音，我用手肘推了推鄰座，大夥在驚恐中全神貫注地盯著瞧，最後她把那片有蟲的葉子放進嘴裡嚼了起來。我震撼到笑不出來，現在還是想不透當時爲何不敢告訴她。

談到學校午餐時，很難不從恐怖的東西開始講起：低等級的神祕肉。灰綠色罐裝豌豆的配菜。政府過剩的牛奶，來自用牛生長激素養大的牛。果凍方塊當甜點。這是美好的舊時光。

如今，學校午餐可能是麥當勞漢堡或達美樂的義大利香腸披薩，再用一杯可口可樂超級杯把食物沖下肚。學區一面刪減體育和運動課程來配合預算的限制，一面把午餐合約交給速食連鎖業者，像是麥當勞、達美樂或塔可貝爾（Taco Bell），很多學校也跟軟性飲料公司簽訂「飲料供應」合約，讓他們在校園銷售同時促銷產品。這些合約爲走投無路的學區帶來龐大財源，因爲可口可樂或百事可樂的獨家合約，往往以數百萬美元之譜增添地區預算，全國每三間中學跟高中，就有近兩家販賣軟性飲料，而且多半透過販賣機。最糟的是，愈來愈多兒童在愈來愈小的年紀就得了肥胖症，對此我們無法寬恕父母，但我們也無法寬恕學校，而最嚴重的犯規者無疑是速食業界，第十六章將有探討。

不過，說到學校的營養午餐，真正令人警覺的還是兒童肥胖症的猖獗。過去三十年來，美國學齡前兒童與青少年的肥胖症比率已經增加一倍多，六至十一歲的兒童更是增加兩倍多。肥胖的兒童不僅受到嘲弄，參與體能活動時也困難重重，他們有罹患糖尿病和心臟疾病等重大健康問題的風險，且經常帶著這樣的風險進入肥胖的成年期。美國心臟協會（American Heart Association）於二〇〇五年發表一份強烈警告：兒童肥胖症是攸關重大的公共衛生問題，以致於可能抹消過去五十年來在對抗心臟疾病方面的進步，照這趨勢走下去，肥胖將很快就會超越抽煙，成爲全國頭號可預防的死因。

醫師和積極分子尋找肥胖蔓延的根源時，通常會指向速食飲食習慣的影響，也就是充滿飽和脂肪和糖份，強調超大份量的高熱量、低營養食物。有這麼多家庭不再以新鮮食材在家烹煮有益健康的餐食，這令人難過又感到不安，然而公立學校出賣孩子的健康卻是另一種犯罪行爲，哪怕他們多麼想使收支平衡。

諷刺的是，美國第一個全國學校午餐計畫（National School Lunch Program）是於二次大戰後展開，目的是增進美國孩童的營養狀況，替未來的兵源做好準備。如今，學校午餐計畫成爲營養標準向下沈淪的部分原因，不僅嚴重損害兒童健康，也鼓勵做出可能持續一輩子（縮短了）的不良食物選擇，研究顯示孩童的營養不良也跟學習障礙、侵略性，和反社會行爲等發展問題有關。

美味革命

想像一下，如果讓健康的飲食習慣變得跟數學技能或歷史知識一樣重要，孩子的健康將有多長足的進步。想像一下，如果教導孩子栽種營養、有機的水果、蔬菜跟香草，將這些食物變成美味健康的餐食，情況會是怎樣。想像一下，如果孩子了解食物背後更快樂、更健全的故事、如何栽種以維護地球、身體和人類心靈的健康，想像有一個世界，學校課程教導食物傳統與儀式的價值、擺設一個誘人的餐桌藝術，以及用餐時間交談的重要性。

聽起來像作夢？是啊，而且是艾麗絲·渥特斯的夢，這位加州柏克萊帕尼司家餐廳的偶像級獨資業者的夢。當渥特斯把她的得獎餐廳定位在新鮮當季的在地美食，之後的願景則是把健康美食帶到公立學校。所以，當渥特斯對美國學童的夢想終於在馬丁路德金恩二世中學落實，這似乎是再適合不過，這家中學就位在距離帕尼司家餐廳幾街區之遙。

在爭取到柏克萊統一校區（Berkeley Unified School District）的支持後，渥特斯連同幾位友人，取得與學校遊樂場相鄰的一塊停車場。在百餘位志工的參與下，她讓整整一英畝的瀝青改頭換面，將底下的土壤變成肥沃花園，用來栽種跟漢堡、可樂、薯條完全相反的東西，像是：芝麻菜、蘆筍、奇異果、朝鮮薊、紅俄羅斯甘藍、葡萄、南瓜、香草、花等等。爲了配合學校的多元文化，每種作物的識別標誌，採用了被選定製作標誌的學生所用的語言——那可能是學校通用的十九種語言的任何一種。

渥特斯也資助創辦一個寬敞、色彩豐富，且設備完善的工作廚房教室，大部分是用可再生的質材蓋成的。她也號召了一小群幹練的工作人員，進一步滿足創新的課程計畫，將所有元素巧妙混合，創造出所謂的「食用校園」。一如帕尼司家餐廳爲在地取材的永續烹飪這項全國性的趨勢提供靈感，這個夢幻課程也從此成爲我們這時代最具影響力與啓發性的食物故事。

在這破天荒專案計畫中更具創意的元素，就是學生頭一回被要求吃一頓有營養的午餐，而他們也因此得到學業上的加分，當然他們也要參與耕種、飼養和菜園除草等工作，採收作物並且到母雞的雞舍撿雞蛋，在廚房清洗並準備食物，並且爲自己和同學烹調新鮮餐食，同時學習永續生態系統的知識——這同時並在交談中，找回在餐桌上眞正吸引其他人的文明傳統。

速食世界的孩子以爲，沙拉是從塑膠袋來的，義大利千層麵是從盒子跑出來的，水果則是以五顏六色的盒裝糖果形式出現，在這情況下，在菜園工作會是令人耳目一新的經驗。「多數孩童脫離了食物的感官世界，」渥特斯說，「整個消費社會，在兒童跟眞實生活的觸覺、嗅覺跟感受間，豎立了一道障礙。」

關於都市兒童與食物根源的脫勾，最顯著的例子來自一位住在爲街友成立的芝加哥「跨信仰之家」(Interfaith House) 的居民所說的話。這位居民在了解了蔬菜後，對一位工作人員說：「你的意思是，我餓肚子的這些時候，有時候連吃都沒得吃，而現在我卻發現食物竟然長在土裡？」以這位都市叢林受害者的案例來說，或許是可以被饒恕的。但是最近當我跟六位八到十歲的內布拉斯加州鄉村兒童談話時，我驚愕地發現其中只有一位知道馬鈴薯是從土裡挖起來的。他們全都不知道朝鮮薊是怎麼種，多數人更不認得小黃瓜、胡椒或者南瓜。只有一位叫得出奇異果，一位知道有機食物的意義。在這之後不久，華盛頓特區一間超市的結帳櫃臺，有位年輕助理舉起一袋葡萄柚，問領班那是什麼！就在企圖改善學校午餐之際，英國的兒童拿到整顆蘋果或柳橙，卻不知道那是什麼，因為他們這輩子還不曾碰過整顆水果。

我為這群不了解地球及其豐饒物產的孩子們感到惋惜。你親手摘下或採集的食物，有個難以想像的特別之處，我妹妹在波茅斯的菜園種了各式各樣蔬菜，有個品種叫黃金櫻桃蕃茄，去年製造出源源不絕的甜水果作物，吃下這些照射溫暖陽光的食物讓人充滿喜悅。剛從豆莢迸出來的豌豆，滋味可說是天下無敵，菜園裡沒有殺蟲劑，我們撿拾蝸牛和蛞蝓，將它們帶到無法危害植物的遠處。

小時候，我眞正喜歡的唯一一種草莓，是在開放空間現採現吃的那種，其中又以野草莓最佳，小小一顆含有草莓的精髓。至於黑莓，光是寫下這兩個字，腦海就浮現兒時摘黑莓旅行的清晰景象。外婆丹妮很熱中摘黑莓，她拄著一根彎曲的枴杖，穿過最嚇人的灌木叢，冒著被刮傷的危險，來到最大、最多汁的水果面前，而那永遠就在我們小孩剛好搆不著的地方。我讓我自己跟妹妹的孫兒體驗沿著家附近的山壁頂端撿拾黑莓的樂趣。這年頭我們想摘多少就有多少，這點最令人訝異，也表示人們不再接觸大自然。大家看我們的樣子彷彿我們是瘋了似的，因爲我們吃野生植物的果實。他們似乎無法理解。多令人難過啊，因爲年輕人錯過許多。

渥特斯知道，都市學童看到愈多食物的栽種和料理過程，他們就會更健康、也更有力量。「我們教導孩子，胡蘿蔔不是從超市來的，而是從土地來的，」渥特斯說。「最好是甚至可以讓他們知道，胡蘿蔔根本就是長在地上。」但她也知道，如果不能讓孩子樂在其中，就算教再多有機水果和蔬菜的栽種也是枉然。所以她會確保「食用校園」可以讓孩子懂得，不光是用「促進食慾」的方式來烹煮菜園的新鮮食物，換言之，食物必須讓人無法抗拒。「我稱它做美味的革命，」渥特斯說。「我不要求這些學童閱讀艱難的生態和營養哲理書籍，我要他們走出去，到菜園吃東西，採摘一些美麗、可口的食物，然後吃下去。」

食用校園的教學廚房就像茂密的有機菜園，跟速食剛好相反，廚房不強調方便性，而是傳統跟藝術。你看不到任何烹飪技巧，電子開罐器，或微波爐。首選工具包括木湯匙、研缽和杵、老式的木製玉米餅壓模，以及各種菜刀。

這裡的孩子學會烹煮稀奇古怪的新鮮食材，有金黃甜菜、羽葉甘藍、白菜心。他們學會愛上滋味與氣味，像是炒洋蔥的單純芳香，帶有辛辣味的鼠尾草，在充滿甜胡蘿蔔的湯裡的那份和諧。相較於一整個禮拜的溫蒂漢堡、達美樂披薩和塔可貝爾，食用校園一個禮拜的菜單，可能有耶路撒冷朝鮮薊炸麵團、南瓜和羽衣甘藍湯、南瓜壽司、地瓜餅乾，以及放了紅色瑞士甜菜葉的糙米沙拉，再配上馬鞭草和木槿製成的冰茶。

等到食物準備完畢，愉快的原則延伸到用餐室。這裡不准使用「富美家」餐桌和日光燈，餐桌是用回收的加州硬木親手拋光而成，還配上長短凳。桌布和漂亮的銀器則擺放得恰到好處。「他們欣賞花桌布的美，」渥特斯說。「他們注意到鮮花能爲餐桌帶來多大的愉悅，燈籠的光線又讓房間看來多美麗。」

這些孩子當中，很多都不跟家人坐下來吃晚餐，所以共享用餐的所有藝術跟禮節，就成了課堂的延伸。當孩子坐下來共同分享親手栽種的水果時，他們會拿到每日的問題卡，在用餐時提出有趣的交談內容，有時午餐跟其他課堂上的歷史或文化研究有關，比如說當學生製作傳統麵包供墨西哥死者日祭壇使用時，就是以「死者的麵包」這一課將墨西哥文化落實在眞實生活。學生也用菜園摘的花朵跟香草擺設祭壇，爲去世親人撰寫紀念文，張貼在布告欄上。結果，幾乎每位馬丁路德金恩二世中學的學生，竟然都經由親人的死亡（很多是因爲暴力）體驗到死別。了解食物並學習死者日的儀式，讓學生用安全而且架構清晰的方式，表達並且處理諸如失去親人的悲痛，也給了墨西哥裔的美國學生一個機會，分享他們對自身文化的熱忱和專門知識。

美味革命或許看似無聊的饕客奢華行爲。但是，教導學生如何料理並享用地球上的各色美食，是阻止肥胖症危機並拯救地球不受工業農業蹂躪的基礎，這可以是最終改變全面性飲食面貌的革命，如果兒童愛上家鄉的新鮮有機食物，懂得這些食物的名稱和如何料理，了解食物的豐富文化傳統，他們將帶著那樣的知識和鑑賞力長大成人。市場調查顯示，即使在鄉村社區，新鮮食物沒有銷路的主要理由之一並不是成本或者容不容易購買，而是因爲消費者不知道如何料理。想像一下，如果我們創造出一整個世代的人，他們不但懂得用甘藍和黃金甜菜做出家常饗宴，也努力保護自己這麼做的權益，這世界會變得如何？

到目前爲止，渥特斯將美味革命視爲對充斥速食的世界的一種健康的對治之道。「我們有速食音樂、速食藝術、速食建築，」渥特斯說。「我是說，什麼都講求快速、廉價而且容易取得，沒有人考慮到這對環境或文化的破壞，孩子正在吸收這些價值觀，這眞讓人害怕。我們不用心，是因爲速食國度教導我們消費和丟棄。」

不過，學童在學校廚房裡，學到和地球與食物的新關係，換言之，用永續的態度吃東西、多回收，盡量別在地球上留下明顯足跡。蔬菜的外皮和殘渣就理所當然被煮成高湯或做成堆肥，錫罐被做成餅乾切割器，瓶子回收成桿麵棍，孩子一次次被教導，任何針對食物所作的決定將影響地球的健康，目前食用校園計畫似乎還沒有在學業成績上造成多了不起的進步，但根據食用校園執行總監瑪莎・古瑞羅（Marsha Guerrero）表示，老師經常把營養的改善與教室較佳的行爲歸因於此。學生在菜園並肩工作創造了比較友好的社交場面，也讓課堂表現較不如人的學生，有機會在菜園、廚房和用餐室大展身手。

之後有個偉大夢想

渥特斯仍然夢想，有一天每間學校都有個食用校園計畫，並且對吃健康午餐的學生加分。「至少我希望大家的孩子，知道如何栽種並烹煮簡單、負擔得起的食物，同時抱著永續、悲憫的態度在地球上生活。」她說。目前她一步步來，要每家學校都有個被大眾認可的菜園午餐計畫或許並不切實際，但是著手讓學校戒除不健康的速食餐，改採在地、永續的食物，卻是切合實際的作法。至今她的願景正逐漸在加州柏克萊校區落實，他們正考慮跟當地數家永續農民建立合夥關係，讓一萬名學童每天都吃得到現採的美食，下一步則是全加州。想想加州肥胖症問題的帳單，每年據估計爲二百一十七億美元，也難怪她獲得多位關心財政的州領導人支持，包括加州州長阿諾·史瓦辛格和州長夫人瑪麗亞·薛佛（Maria Shriver）。

跟渥特斯見面，很難想像她竟然隻手想將全世界公立學校的餐食，變成一種養分、環境覺察跟全球健康的來源。但是幸好她不必一個人做。全國各地的教師和學校高階主管逐漸體認到，多數兒童已經跟食物和土地脫勾，雖然柏克萊以其自由派少數族群的刻板印象，使它成爲學校可能在用餐室提供在地永續食物與課程的地方，但類似計畫正在全美與歐洲許多國家迅速成長。

世界各地的學校午餐

日本典型的學校午餐簡單但營養非常豐富，有一瓶牛奶、一碗飯、一碟魚、漬物、蔬菜豆腐湯，和一片水果。師生一起用餐，交流感情的同時也勸阻挑食跟浪費的行爲。

在芬蘭的赫爾辛基，學校的菜單會於事前在教育委員會的網站上張貼四星期，典型的前菜包括火腿跟馬鈴薯沙拉或大麥粥，兒童一律可以選擇素食，例如椰奶和甜菜根燉菜。學生最喜歡的菜色之一是菠菜薄餅。

西班牙的兒童在一週開始時，經常會收到一份學校餐食的清單，每一餐又細分成熱量，以及脂肪、蛋白質、碳水化合物、維生素跟礦物質的含量，校區甚至爲補充性的晚餐提供建議，確保孩童擁有一整天的均衡營養。

義大利的學校餐食被認爲最佳餐食中的幾種，全國下令規定所有學校在菜單上要提供有機食物，學校於十六年前開始強調地中海型飲食，也就是用較少紅肉跟較多魚類、當令水果、蔬菜和全食設計菜單。午餐應該持續四十五分鐘，而且餐桌上經常有鮮花點綴增色。

法國中小學的午餐，每個孩子的每餐成本要花去當地校區三至七美元不等，而且似乎沒有人質疑這樣的投資是否值得。學校餐食一定都有開胃菜（例如半個葡萄柚），一份肉或魚的主食，配上蔬菜，一份乳製品（一片當地手工乳酪），還有甜點。有些學校用色彩將食物分類，例如乳製品用一種顏色，水果另一種顏色，蔬菜又是一種顏色等等。學生被要求每種顏色拿取一份，午餐時間不到一小時就會被認爲殘酷。

給我吃好一點：裸體大廚到學校

英國或許沒有優雅又能言善道的名流大廚艾麗斯．渥特斯，不過倒是有一位活力充沛、誇張而且一樣具領袖魅力的傑米．奧利佛（Jamie Oliver），也就是裸體大廚（Naked Chef）系列電視節目中，那位生動有趣的主廚。奧利佛了解到英國學校午餐（英國稱爲dinner）令人難過的狀況，決定用他的名人身分做點事情。英國政府資助所有公立學校的兒童熱餐食計畫，聽起來不錯，直到你看到他們吃的是什麼……標準餐食可能是火雞肉捲，也就是用不明內餡跟防腐劑做成的螺旋開瓶器形狀的東西，外加一堆油膩的薯條，所有東西讓溫蒂漢堡相形之下變成高級菜餚。但是，每個孩子每餐花費三十七便士（約當七十美分，低於多數歐盟國家的花費），讓團膳業者實在很難做到更好。

奧利佛發起的「給我吃更好」（Feed Me Better）活動，多半是爭取政府給予學校更多經費，同時跟「煮飯阿姨」（學校廚房的工作人員）共同改善食物品質。奧利佛新的一系列電視節目〈傑米的營養午餐〉（Jamie's School Dinners），是以無法辨識的油膩糊狀食物為報導主題，這些食物不僅造成全國肥胖問題飆高，也是學童產生各種驚人疾病的原因，像是慢性便祕和腸阻塞。他也提到，教師經常表示午餐過後的行為問題達到巔峰，剛好是學生努力消化由高糖、高鹽、高脂，外加各種添加物的加工食品做成的午餐過後。他也跟艾麗斯．渥特斯一樣，發現兒童逐漸失去伴隨文明餐食而來的社交禮儀，奧利佛表示，許多英國學童連如何正確使用刀叉都不知道。

不過，他的訊息也是有希望的，讓電視機觀眾知道，即使預算拮据，依舊端得出各種新鮮、健康的食物，他不僅想讓政府跟學校提供更健康的美食，也希望教導兒童食物來自何處。在新節目的第一個單元中，奧利佛讓小學生看一把芹菜，問他們那是什麼。沒有一個小朋友知道。不過，他們都會辨認漢堡和披薩連鎖店的商標。

奧利佛的運動爲全國帶來極大衝擊，首相湯尼・布萊爾（Tony Blair）支持政府的一項新承諾，要加碼二・八億英鎊來改善學校餐食，全英國父母也對學校施壓，要求提供鮮採的食物，很多父母甚至要求學校供應有機和素食菜單，於是愈來愈多學校下令每天必須端出現做的蔬菜和沙拉，薯條（英國版本的薯條）每個禮拜只能提供一次以爲因應，其他學校則禁止火雞肉捲和組合牛肉，有些學校更堅持所有牛肉漢堡都必須有機，英國最大的教師聯盟老闆史帝夫・西諾特（Steve Sinnott）認爲，傑米・奧利佛應該受封爲爵士。我們絕對同意。

新課程的胃口

由於體認到營養豐富的餐食有助減少健康和行爲問題，因此許多校區迫不及待用新鮮、有益健康的食材製作餐食。當洛杉磯統一校區開始在五十五間學校提供農夫市場的水果和沙拉吧，校區發現熱量攝取減少了兩百卡，脂肪攝取量降低二%，這正是官員所希望的，尤其是很多校區的兒童，都來自有罹患肥胖症與糖尿病等營養相關問題風險的墨西哥和非洲裔家庭。

「成本」是最大的門檻。不用殺蟲劑、生長激素等添加物生產的有機食物，成本通常比較高，在學校幾乎負擔不起教科書和老師薪水的情況下，很難被校方接受。幸好學校想出獨特的方式，讓新鮮食物變得負擔得起。舉例來說，位於華盛頓州奧林匹亞的林肯小學（Lincoln Elementary School）將甜點刪除後，把每頓學校午餐的成本削減兩美分，同時提供全有機菜單，其中許多農產品都是由在地農民所供應。「我們讓寶貝孩子成爲著迷的一群。」林肯小學校長雪若・佩特拉（Cheryl Petra）說。「對我們來說，盡可能讓他們吃最好又最營養的食物是最合乎道德的行爲。」佩特拉表示，家長甚至學生都熱烈支持這項計畫。「他們得到足夠的糖份——但不表示午餐時需要更多的糖。」小學也體認到少吃動物製品對健康的好處，每一餐都提供非肉類的蛋白質。

其他學校對當地農場採取「社區支援農業」的作法，降低新鮮食物的成本。換言之，他們直接和永續生產者簽約，提供新鮮食材給學校廚房。當然，吃鮮採食物等於飲食更健康，但是新的全國性的「由農場到學校」（Farm to School）午餐計畫，爲永續的栽種者創造有保障的市場，因而支持社區居民的健康，並保持當地家庭農場的存活能力。許多和農場結爲伙伴的學校，也提供食用校園的修正版本，利用跟當地農民的伙伴關係，安排農場參觀、開設營養及烹飪課程，甚至針對開闢學校菜園取得建議。

不光是父母和營養專家堅持較健康的餐食，大學生也逐漸厭倦劣質的集體供餐和「新鮮人十五磅」(Freshman 15)，後者是許多學生剛進大學時，經歷到最初增重的通用名稱。不久前畢業於俄亥俄州奧柏林學院（Oberlin College）的愛卓恩・戴羅柯（Adriane Dellorco），大一那年在校園的伙食部發起在地食物運動，她花了大半的大學生涯，試著跟奧柏林高階主管、伙食服務經理以及當地農民協商，最後終於有了結果。現在大約有五%的學校食物預算是給當地農場和經銷業者，其中約三分之一是有機產品。

艾麗絲・渥特斯的女兒芬妮上耶魯大學時，她果然立即指導如何取得新鮮餐食，以及從大學宿舍開始的菜園計畫。有感於學生的壓力，全美各地的大專院校陸續跟進。康乃爾大學率先採行「由農場到學校」午餐計畫，這啓發了幾個紐約學區開始提供在地農產品，包括新鮮蘋果、包心菜、洋蔥、蕃茄、馬鈴薯、小黃瓜、青椒、胡蘿蔔、白花菜、綠花菜、桃子跟牛奶。

門檻依舊。舉例來說，因爲很多學校開始把事先做好的包裝午餐外包到速食加盟業者等供應商，許多業者並沒有廚房或人手可當場製作食物，但是身處在地食物運動最前線的人態度依舊堅定。「這個國家的健康、環境和文化問題之嚴重，導致此處出現缺口，」艾麗絲．渥特斯說。她指向六〇年代，當時國家領悟到必須增強孩童的體魄，並開始蓋健身房，資助體育課。

你能做什麼

雖說食用校園或許超過貴校目前的財力，但是「由農場到學校」午餐計畫或許是個理想的起點。二〇〇〇年，美國農業部開始以大額補助款支持「由農場到學校」運動，二〇〇二年的農業法案(Farm Bill)，指示負責學校伙食的高階主管，盡可能向當地進貨，若想在你的校區發動「由農場到學校」午餐計畫，甚至是朝向食用校園努力，請參考「資源」所列出的網站跟組織。

歐美各地多處的根與芽團體，在比較富裕的學校栽種有機菜園，了解什麼是堆肥，並將新鮮農產品送給長者或無家可歸的人們。

擊破邪惡同盟

即使無法將在地農場的食物引進學校，但許多家長團體竟有辦法影響校董會，擊破和速食連鎖與軟性飲料公司間的邪惡同盟。家長尤其成功地把汽水自動販賣機換掉，改爲供應果汁、水和乳製品的機器。你甚至可以要求學校禁止點心的自動販賣機，它們賣的通常是像糖果和馬鈴薯片等低養分的食物，用比較健康的自動販賣機來取代。石田農場（Stonyfield Farm）（專門銷售不含荷爾蒙和抗生素乳製品的公司）擁有良好的判斷能力，爲學校創造一種新的自動販賣機，專門提供低脂優格、細條乳酪、有機牛乳、胡蘿蔔和沾醬、水果乾、葡萄乾、皮塔餅等健康零嘴。所有物品都符合學校的營養標準，而且口味上必須受到學生認可才行。

此處的重點在於，家長能夠、也必須利用他們的影響力來保護孩童健康，你會驚訝地發現，有多少家長、老師和學生將會支持你，讓當地學校販賣更健康的食物。

16 肥胖症、速食和浪費

但是，這些公司有什麼理由想改變？他們不是對你忠誠，而是對股東忠誠。底線是：無論他們怎麼說，他們就是一家企業。他們因爲賣給你不健康的食物而賺進數百萬美元。再者，沒有一家公司想停止這麼做。這個不斷茁壯的典範是否即將轉移，由你來決定。

——摩根．史柏洛克（Morgan Spurlock），《麥胖報告》（Super Size Me）

肥胖是老問題了。我們心目中所謂中世紀快活胖修士的形象，在某些情況下是完全正確的。十三世紀，修士肥胖症傳遍全歐，某個葡萄牙的教團甚至發明一項測試：凡是擠不過餐廳那道門的修士，就必須齋戒直到擠得過得去爲止！考古學家菲利普．派崔克（Philippa Patrick）研究現存西元四七六至一四五〇年間的修士骸骨，結果顯示多數人顯著過胖，且受許多與肥胖相關疾病所苦，例如第二型糖尿病、關節炎和背部問題。當然，肥胖症在中古時期是不尋常的，因爲除了非常有錢的人以外，每個人往往都是營養不良，但是許多修道院想出儲藏食物的方法（有些修士被指控竊取窮人的救濟金，以滿足他們飲食無度的習慣）。典型的修士飲食，包括許多水果和堅果，還有幾樣蔬菜，但他們也吃很多動物製品，例如肉類、牛乳、奶油、雞蛋，跟乳酪。由於他們的飲食含有高量的飽和脂肪，加上平日生活經常是坐著的，也難怪他們的疾病，反映出如今在西方文明中見到的許多健康問題。

中世紀修士飲食

以下的例子，說明十三世紀僧侶可能的日常攝食，部分係根據塔丘（Tower Hill）、柏蒙賽（Bermondsey）和莫敦（Merton）等修道院中世紀修士骸骨的研究。

早上十一點—下午一點：三顆雞蛋，水煮或者用豬油煎。蔬菜粥，裡面有豆莢、小扁豆、胡蘿蔔等菜園農產品。豬肉塊、培根或羊肉。雞、鴨或鵝配上柳橙，半磅麵包用來吸收湯汁，桃子、草莓或山桑子外加雞蛋水果餡餅。四品脫的小（液態）發酵飲料。

下五四點—六點：羊肉麥片粥配大蒜和洋蔥，用雞蛋、牛奶和無花果做成像奶昔的牛奶甜酒，鹿肉加上花楸漿果、無花果、黑刺李、榛果和蘋果。燉泥鰍、鮮魚、狗魚、海豚、七鰓鰻、鮭魚、鱈魚或鱒魚。半磅麵包用來吸湯汁吃，有時浸泡在滴下來的肉汁或豬油裡。水果凍。四品脫的淡啤酒。一甕薩克酒或法國、西班牙或葡萄牙的葡萄酒。

許多非洲國家最受敬重且富裕的公民，跟肥胖脫不了關係、肥胖在當地是財富的象徵，富太太被鼓勵用這種方式，來展現丈夫的財力、然而從一八〇〇年代晚期的探險家發現，以前布干達（Buganda）（譯註：十九世紀強大的東非王國，在今烏干達共和國境內，維多利亞湖北岸）的國王會讓老婆吃的肥肥的，強迫最具姿色的處女吃進大量牛奶和蜂蜜，一直吃到舉步維艱，然後將她們在地上滾來滾去以取悅國王，如果真的是這樣，簡直令人難以置信。

如果我們很快繞動物王國遊覽一圈，會發現包裹最周延的動物，就是最能忍受嚴寒的動物，例如鯨魚跟海獅，用一層保護性脂肪將自己包裹起來，這當然不妨礙他們在水中的自由行動，諸如熊等動物則是靠增肥來渡過冬眠期，但他們絕非肥胖。只有豢養的動物，或者被束縛的野生動物，才會罹患肥胖症。

我們全都熟悉一些過重的可憐貓狗，他們過度放逸、過度餵食，基本上是被善意殺死的。只不過，這當然不是眞正的善意。重點是，在有食物可吃的情況下，沒有哪一種機制可以阻絕吃的慾望（其實是直覺），這從演化的觀點看來相當合理，野生的肉食動物必須獵食，而他們並不是每天都能有所斬獲。我經常看見獅子、土狼和胡狼大口嚥下獵物，直到幾乎走不動爲止，這就好比住在遠離市鎮的人，會爲下個禮拜囤積糧食一樣。野生動物的胃則充當冰箱，至於貓狗則是將古早的生存本領派上用場，囫圇吞下任何擺在眼前的食物。

直到最近，人們對黑猩猩（和其他野生動物）與生俱來的飲食習慣幾乎一無所知，所以有時會見到被捕捉的過重黑猩猩。他們就是無法抗拒美食，這在野外也是相同情形，當新鮮的糧食作物成熟，他們就坐在地上大口大口地吃起來，他們需要這麼做，因爲當季美食僧多粥少，來搶的不光是其他黑猩猩，同時也包括狒狒、其他猴子、吃水果的鳥類，以及各種小型哺乳動物。此外對肉食動物來說，囤積食物以備不時出現糧食缺乏的窘境也很重要，差別在於他們平日在野外會燃燒很多脂肪，野外的黑猩猩不太可能罹患肥胖症，哪怕他或她是個貪吃鬼！

同樣地，我們的史前祖先相較於現代的狩獵採集部落，不太可能會爲肥胖所苦，有相當大的部分是因爲肥胖只出現在世界各地的富裕社會，人們擁有太多物資，或者都市社會的人被鼓勵吃速食，這時肥胖症才會流行。最近的研究顯示，儘管肥胖症多年來跟低所得階層的人有關，但如今有錢人也有肥胖問題。換言之，肥胖橫跨所有社經障礙。

美國、英國和部分的歐洲與亞洲，將肥胖症形容爲一種傳染病，影響至少三億人。在英國，超過六十六%的成年人被認定爲肥胖，美國則是三十%。換言之，有六千多萬人是胖子（每三名女性就有一位，每四位男性超過一位）。美國肥胖學會（American Obesity Association）表示，肥胖使美國產生一千億美元的醫療費用，每年有三十萬個胖死的案例。至於航空公司也因爲乘客多出的體脂肪，使得二〇〇〇年燒掉的燃料，比一九八〇年多出三億五千萬加侖。

兒童的肥胖統計數據尤其讓人不安。在英國，八．五％的六歲兒童屬於肥胖，十五歲兒童則有十五％。美國的兒童肥胖症正以每年二十％的速率增加中，大約十六％的兒童和青少年被認爲過重。

這個非同小可的疫情，幾乎必定和垃圾食物與速食消耗量的增加有關，每天有二十％到二十五％之間的美國大眾，在某種速食餐廳用餐，而許多垃圾食物與速食的廣告，非常不道德地將目標鎖定兒童，也讓情況雪上加霜。在任何一天，有三十％年齡介於四到十九歲的美國兒童在吃速食。

這個不怎麼想念的連結

因爲價錢便宜、料理不費事（有時只要打開包裝盒即可）而開始購買速食或加工垃圾食物的人，很快就會產生依賴性，而對健康造成災難性的結果。不幸的是，有許多龐大的企業灑下數千萬美元開發、包裝和廣告速食與垃圾食物，結果是苦了消費者，卻肥了股東。

根據紐約大學史坦哈特教育學院（Steinhardt School of Education）的營養、食物研究與公共衛生系（Department of Nutrition, Food Studies and Public Health）的梅莉安・奈斯里（Marion Nestle）表示，美國的前幾大死因，都是跟飲食過度（或不平衡）攝取有關的慢性病。奈斯里並著有一本很不錯的書，叫做《食物政治學：食品業如何影響營養與健康》（*Food Politics: How the Food Industry Influences Nutrition and Health*）。她將速食產業比喻爲煙草業，兩者都是高利潤，有政府內部的重量級人士爲盟友，而且無視於產品對消費者所造成的傷害。

快樂兒童餐的誘惑

最糟的是，用高脂、高糖速食垃圾的不健康飲食來餵養孩子，導致兒童肥胖症猖獗。二〇〇二年，紐約幾名青少年對麥當勞提出集體訴訟，包括當時十九歲的賈斯林・布萊德利（Jazlyn Bradley）與當時十四歲的愛希莉・培爾曼（Ashley Pelman），主張這家食品巨擘的食物導致他們肥胖，並罹患心臟病、糖尿病與高血壓。當時許多人對這個訴訟案的有效性曾提出質疑。難道這些孩子就不能拒絕吃下那麼多速食嗎？但是再把這個訴案更仔細地檢視一下，會發現它跟煙草業的訴訟案相似到驚人的程度。這些青少年主張，是食物的不健康成份——而不是吃下的食物量，使他們處在嚴重健康問題的風險下——。雖然青少年的論據一開始於二〇〇三年一月遭到駁回，但是到二〇〇五年一月又重新被提出，目前尚未定案。

或許因爲傑出的紀錄片《麥胖報告》，而使他們論證的成功機率大增。片中詳細記錄製片人摩根·史柏洛克的健康狀態，他在一個月內只吃麥當勞的食物。他遵守三項原則：㈠只吃櫃臺有在賣的東西，㈡只選超大份量的，㈢必須吃菜單上的每個項目至少一次。雖然他一開始在三位醫師那裡做身體檢查，得到的結果都是沒有問題。但是到電影結束時，他增重二十五磅，罹患慢性頭痛與反胃，至於心情則是在嗜睡的憂鬱症和狂躁的過動間搖擺，他的肝臟和心臟嚴重受損，以致醫師還等不及實驗結束就懇求他放棄。

莫妮卡·費瑞里亞（Monica Ferreria）在「根與芽」負責協調，她在鹽湖城和一群年輕人共事，最近向我提到一個經常被忽視的區域，那就是生活無以爲繼的窮苦美國人的不當營養。沒錯，他們有得吃，她解釋，但卻被食物的品質毒害。她跟我提到「一元店」，就是每樣東西都賣一塊美元的商店，這些店很受年輕媽媽的歡迎，她們的孩子還小，也沒有許多資源，食物是廉價的，但營養價值讓人不敢恭維。莫妮卡說：「大家都愛油炸雞蛋糕跟馬鈴薯餅，但是行銷這些產品給兒童是不道德的。這是個有意思的兩難，儘管窮人並不因爲缺乏食物而挨餓，但卻因爲太多不對的食物而挨餓。」

確實如此。當然，現在情況逐漸明朗：正在全球市場氾濫的速食和垃圾食物背後的大企業，動機其實在於賺錢而非提供養分。所以就該由身爲消費者的你我，決定要不要讓他們不道德的生意手法劃上句點。

由於許多人深受飲食相關疾病所苦，因此消費者開始領悟到，速食業應該爲它基於賺錢的目的而在全球各地生產廉價、低品質、高熱量食物，並無視於它所造成的傷害來承擔起責任。我們在上一章讀到，我們的小孩正處在莫大的風險之下：看看學校餐食的品質，以及校方是怎麼屈從於麥當勞等目前供應餐食的公司，竟還同意他們裝設自家產品的自動販賣機，以作爲這樁「好交易」的回餽。有些學校鼓勵學生收集汽水罐的蓋子來幫學校忙，分數高的學校就可以獲得高額獎金。此外，速食連鎖業者專門將廣告鎖定兒童，讓他們在快樂兒童餐及包裝盒裡附的免費玩具、遊戲和蒐集卡的誘惑下，最後終於變成偏愛過多的糖份。

留意玉米糖漿

玉米是美國最普遍的農作物，近年來大約佔有七千八百萬英畝的農地。而美國農業部運用納稅人的錢所發放的補助款，收受最多的也是玉米農。一九九五至二〇〇三年間，近一百五十萬的個體戶農民、合夥組織、企業、不動產等單位，至少接到一份玉米補貼給付。《慾望植物園》（*The Botany of Desire*）一書的作者麥可・波倫（Michael Pollan）相信，美國對玉米作物的補貼，是最具傷害性的農業慣例之一，這也對環境造成重大災害。原因是工業玉米農大量仰賴農業化學物質，此外也跟全美各地肥胖程度的升高直接相關。

事實上，全國性的肥胖問題可以追溯到七〇年代，當時的政府開始補助玉米農，廉價的工業用玉米，代表著更廉價、更高熱量的食物，那些玉米有些被做成動物飼料，一方面把工廠農場的牛養胖，又能降低牛肉成本，也造就如今的消費過量。除非你購買有機的自由放牧動物製品，否則幾乎所有的雞蛋、乳製品和肉類，都是用補助玉米飼養的。值得注意的是，用玉米飼養的動物製品，所含飽和脂肪也高出許多，而我們增加攝取飽和脂肪，也與肥胖症的增加直接相關。

當我們談論所謂的廉價、過多的玉米時，關鍵字其實是「被養胖」和「油脂」。這其中最常見的玉米產品之一是高果糖的玉米糖漿，現在佔了許多兒童每日熱量攝取的二十%。政府補助的玉米糖漿，正是軟性飲料和速食公司大賺錢的主因。七〇年代初，一般的汽水容器是細長的八盎司瓶，如今比較常見的是二十盎司重量杯。從蕃茄醬的瓶子到早餐穀片，雜貨店裡所有加工食品至少有四分之一含有高果糖的玉米糖漿。

當政府發出肥胖症增加的嚴正警告之際，他們繼續支持的農業政策卻以最廉價且最容易取得的方式，製造出一些最空洞且最具增肥效果的熱量。

垃圾食物、糖份和暴力

我的小外孫艾力克斯（四歲吃素的那位）對糖份出現嚇人的反應。即使只是吃一點點——在飲料或食物中——原本迷人的小男孩在幾分鐘內就會變成無法駕馭的孩子——大聲吼叫甚至會打人，看來他只是其中之一，因爲他的幾個同學也在吃無糖飲食。

我兒子葛魯伯有個朋友被診斷出罹患躁鬱症，體型頗魁武的他在某次狂躁期間，居然手持菜刀追著父親繞著餐桌跑，行爲有時眞的挺嚇人的。就在那次之後，葛魯伯讀到一篇文章，是關於糖份對某些人新陳代謝的影響，於是說服那位朋友吃無糖飲食。結果頗令人吃驚，他立刻變得平靜許多，所以當我讀到一篇將糖份和獄中囚犯的暴力連在一起的文章時，感到不可思議。

加州大學史坦尼斯勞斯（Stanislaus）分校的社會學教授史蒂芬·紹恩瑟勒（Stephen J. Schoenthaler）博士直覺上認爲，三個驚人的統計曲線之間存在著關連性：無謂暴力事件的發生次數、速食的增加消費，以及加工糖份的增加消費。他說服維吉尼亞州一間大型監獄，協助他對受刑人進行研究，最初受刑人吃典型的美國飲食，有白麵包、漢堡、香腸、煎馬鈴薯、餅乾、甜點跟軟性飲料。經過幾天，他們轉向全食飲食，包括許多新鮮蔬菜、水果、全穀麵包，以及魚類和瘦肉。

結果相當明顯。當他們一轉向有益健康的食物，肢體和言語暴力等行爲問題立刻下降；而當他們轉回軟性飲料和高油脂食物，行爲問題又回來了。這項發現在全國監獄網造成騷動，紹恩瑟勒成爲當紅營養顧問，此外他也在九所青少年感化院針對八千名青少年進行一項有趣的研究，每個院所都將標準的高糖份與其他精製碳水化合物的飲食，轉爲許多水果、蔬菜、全穀類，以及維他命和礦物質補給品。在那一年當中，感化院表示肢體暴力、言語暴力以及逃脫與自殺企圖等事件，幾近乎少了一半。

在青少年與成人感化院以及公立學校研究營養和行爲長達二十年，紹恩瑟勒現在確信飲食的影響之大，每個人都該爲自己吃的東西負責。一如他們在開車時，必須對喝下的東西負責一樣。也就是說，我們必須更加把勁來教育大眾，務必將造成許多問題的垃圾食物，從商店和每家廚房的碗櫥裡一併移除。

別浪費、別想要

「過度消費」是人類與地球健康的主要威脅之一。世界上有超過十億的貧窮人口正因爲缺乏糧食而受苦，有些人還因此死亡。在此同時，估計全世界十億名最富有的人因爲吃太多不對的食物，而有罹患使人衰弱的疾病和死亡的風險。

根據世界資源協會（World Resources Institute），相較於開發中國家，工業化國家的人民，平均消耗兩倍的穀物、三倍肉類、九倍紙張、十一倍汽油。伴隨這一切消費而來的，是大量的廢棄物。亞利桑納大學的人類學家提摩西・瓊斯（Timothy W. Jones）花了十年研究糧食廢棄物，檢視農場和果園、倉庫和零售店、飯廳和垃圾掩埋地。他的研究顯示，一般四口之家目前每年丟棄的肉類、水果、蔬菜和穀物價值五百九十美元，光是全國每家浪費掉的食物，總共就有四百三十億美元之多。

當我親身體驗到眞正的貧窮，並從坦尙尼亞回到所謂已開發國家時，讓我瞠目結舌的事就是「浪費」：包裝的浪費，丟掉這個、那個。食物的浪費，這是最驚人的部分。食物的份量，尤其在美國。餐館裡的剩菜，不僅是學校，也在我拜訪的家裡。而令我難過的不光是我才剛和一群幾乎一無所有的人共同生活了許多年，也因爲我永遠忘不了小時候物資困窘的戰亂年代。我們被教導，浪費是最大的罪惡之一。

你能做什麼

儘管吸引人、儘管方便，但每個人都應該盡可能避開速食，而我當然已經給了你很多這麼做的誘因。每個人也都可以同心協力，每天盡可能製造最少的浪費。我們可以記得先在盤裡盛較少量的食物，並且在社交聚會和餐廳要求減少份量。我們隨時都可以追加點餐，或者回頭再點第二次菜。爲什麼不先少拿一點，不夠的話再點？

當我們把學生聚在一塊參加根與芽高峰會時，提供了許多個桶子來回收各種浪費掉的東西，這包括食物在內。第一餐過後，我們爲剩菜桶仔細秤重，當孩子發現自己在盤子裡裝了多少食物，之後卻又將它丟掉，他們感到相當震驚。接著，我們再將浪費掉的食物，換算成可以養活貧窮人家幾天的時間。

假如你有個菜園，就可以把剩菜做成堆肥，就像我們在波茅斯的家所做的那樣。但即使沒有菜園，你還是可以製作堆肥。我遇到一群來自中南洛杉磯（South Central Los Angeles）的年輕人，這群人住在市中心，他們向當地居民收集廚餘，再利用蠕蟲將廚餘分解，這是所知的蚯蚓飼養（vermiculture）（譯註：利用蚯蚓將廚房垃圾〔屬於非資源垃圾〕變爲極富植物營養的排遺物，俗稱堆肥或金肥，可作庭園、陽臺栽培花草的肥料。）這種堆肥竟然可以放在起居室，因爲沒有氣味！此外它能製造最佳品質的土壤，孩子們再賣給當地的公園和溫室。眞是一本萬利的生意呢！

17 水危機逐漸浮現

井枯才知水珍貴。

——英國諺語

或許這是本世紀最可怕的夢魘，而且程度驚人。隨著人口持續成長，我們將無水可用——尤其是乾淨、安全的飲用水。流域周遭因爲山林遭濫砍，雨季時期泥沙被沖刷而下，最後造成河流的淤積。因爲河流縮小，人們對灌溉和家用的溪水和河水，需求量更是有增無減。從愈來愈深處的地底汲水的技術，導致地下水蓄水層的水量嚴重下降。目前大量耗用水來栽種玉米和大豆，主要是用來養牛，這些牛本身也需要比較多的水，使得地球上許多地方對水源的需求量將無以爲繼。許多地勢較低的河段，也因爲大肆興建水壩與水庫而導致水量大減。有些區域在之前的水源供應被導向他處後，更是滴水不剩。

我了解活在供水嚴重短缺，會是怎樣的情形。我剛去非洲時，曾經跟路易斯和瑪麗・理基（Mary Leakey）在奧都威（Olduvai）愉快共事過三個月。奧都威是橫貫部分賽倫蓋蒂平原的峽谷。遠征隊的預算拮据，距離最近的飲用水又在必須越過杳無人煙的鄉村的幾英里外。那年頭沒有通往奧都威的道路，連小徑都沒有。運水車每個禮拜去取一次水，因此我們的用水受嚴格配額限制。水夠喝，雖然沒有到多數美國人今日消耗水的程度。我們泡茶或咖啡，或許每天來個兩、三杯水，想更多當然沒有。此外，每個人每天只准用四分之一個馬克杯的水來清洗！只有當我們親眼看見車子載著下個禮拜的水回來，才可以拿前一個禮拜的水來洗澡。我們有個迷你帆布浴缸，每個角落固定在可折疊的骨架上。大夥小心翼翼將自己的那一份水倒出來，多半沒有足夠的水洗頭，但我們發現奧都威的沙塵在我們身上發生的作用，就像某些鳥類的沙澡那樣，更何況黑猩猩也從不洗頭啊！

在三蘭港，水的問題由來已久。屋子裡一連好幾天沒有水，因為水壓低到裝不滿水缸。我們算是幸運的，因為外頭有個水龍頭，我們可以把水蓄在桶子裡，同時收集海水來沖馬桶。鎮上許多人家連這一點都不敢奢望，因為沿著供水給城市的河岸山林遭到濫砍，加上有愈來愈多人住在原本人煙稀少的地區。如今住在那裡的人，多過現有的天然水供給的負荷量，整個系統老舊而且易漏。

如今我們在三蘭港買水。水裝在水車裡，再用幫浦打到跟天花板一樣高的水箱，這水要等過濾煮沸後才能喝，爲安全起見應該至少煮沸二十分鐘才可以，但因爲我們也有電的問題，所以幾乎從不曾煮那麼久。換言之，安全的水是昂貴又價值不斐的商品。

我不斷想到這群人——據估計有十二億人生活在無法取得安全飲用水，且距離任何水都相當遙遠的地方。我也想到數百萬人無法取得充足的木柴來煮受污染的水，難怪他們的寶寶會生病。母親本身也動不動就生病並感到疲倦，呈現一種像自動裝置般的嗜睡狀態，需要花好大的力氣，才做得完每天的家事。

浪費水

所以，當我看見世界各地富裕社會的嚴重水資源浪費，心裡是既難過、又生氣。下次當你去美國的某間餐廳，注意在客人離去後被留在桌子上有多少個玻璃杯，裡頭裝著部分甚至是滿滿一杯還沒喝的水。注意侍者是如何無止境地四處巡邏將杯子注滿水，即使一杯水也只啜了幾小口。在歐洲，侍者問你要不要水，他們不會連問都不問就把水添滿。開發中國家也是類似情形。

我演講時，講臺上都會擺一罐水。通常會有人把水倒進杯子裡。於是我把杯子舉起，問聽眾：「假如我不喝的話，這水會怎麼樣？」八成是被倒掉，連想都不用想，連罐子裡剩下的水都會因爲已經拆封而可能被扔進垃圾桶。只有偶然的情況下，人們才會將它送給口渴的地球。我總是舉起瓶子提出論點，在我離開講臺時順手帶走。

罐裝水的眞相

讓我們稍微探討一下罐裝水，我的理解多半來自《西雅圖時報》（*Seattle Times*）的一篇報導，作者是一名西雅圖的記者約書亞‧奧特加（Joshua Ortega）（他的網站很有趣，網址是：www.joshuaortega.com）。多數人相信，確保飲用水純淨的最好方法，就是購買裝在密封罐裡的水，這是針對那些經濟負擔得起的人。但事實上，只有幾個品牌是眞正純淨的。一九九九年，全國資源保護協會（National Resources Defense Council）公佈一項爲期四年的研究，發現取樣的罐裝水中，有五分之一含有已知的神經毒素和致癌物質，例如：苯乙烯、甲苯和二甲苯。第二份研究發現，在一〇三個罐裝水品牌中，有三分之一含砷和大腸桿菌的跡象。

我了解罐裝水是已開發世界中，最不受法規約束的產業之一。自來水是一種公共資源，所以當地主管機關必須準備將全面性的水質文件提供給消費者，但一般人卻無法取得罐裝水水質的資訊。或許看似安全，但是還記得九〇年代初，沛綠雅（Perrier）礦泉水的全球回收事件嗎？原因是這種水被發現受到苯污染，這種毒物曾經在實驗室的動物身上造成癌症。

關於這些塑膠瓶……

奧特加還指出另一個問題，是我之前肯定沒有注意到的，就是罐裝水的生產對環境造成的危害。最常用來製造水罐的是「聚對苯二甲酸乙二酯」(polyethylene terephthalate，簡稱保特瓶（PET）)，生產這種環境不友善的物質，會產生大量有害的副產品，此外光是生產一公斤的保特瓶就要用去十七．五公斤的水，事實上製造保特瓶所用掉的水，要比實際裝進瓶子裡的水還要多。容器資源回收研究所（The Container Recycling Institute）公佈，二〇〇二年美國賣出的一百四十億個水罐當中，只有十％被回收，換言之高達九十％的水罐被扔進垃圾桶，相當於爲垃圾掩埋多製造出一百二十六億個塑膠罐，況且是裝了不比自來水健康的水（往往更不健康）罐子。

英國的食物委員會（Food Commission）發現，有些罐裝水被運送超過一萬英里。諸如偉特蘿斯（Waitrose）和新鮮與野生（Fresh & Wild）等連鎖超市，販賣來自斐濟群島的水，標籤上竟然誇耀水源「被超過二千五百公里的太平洋與最近的大陸間隔開。」由於英國自己的水並不虞匱乏，因此繞大半個地球運水不僅荒誕，也對化石燃料造成驚人的浪費。

當企業擁有水

有個多數人似乎渾然不覺但卻令人不安的趨勢，那就是跨國企業正打算接收全球的水供應。《財星雜誌》（*Fortune*）如是評論：「水是本世紀最好的投資類別」，歐洲重建與開發銀行（European Bank for Reconstruction and Development）的評論則是：「水是私人投資者的最後一道基礎建設防線」，《多倫多全球郵報》（*Toronto Globe & Mail*）說：

「水正快速成爲全球化產業。」

先是牛、豬和禽類，接著是農作物跟種子，現在是我們的水。

歷史上，地方公共事業的經營者，例如城市或郡的公用事業公司，一直是負責水的供應，然而如今大企業的介入卻愈來愈深。近來美國法律更是爲他們大開方便之門，蘇伊士里昂水務集團（Suez Lyonnaise des Eaux）和威立雅環保（Veolia Environment）這兩家法國的跨國企業進軍美國，連同奇異電子（General Electric）和比奇特爾（Bechtel）等跨國企業，他們將控制國家的水資源。當一家企業運送水，哪怕是用怎樣的形式，它這麼做是爲了替股東賺錢，而不是保存水的品質或者讓民眾用得起水。凡是水被私有化的地方，消費者必將承受苦果。當法國將自己的供水服務民營化，幾年內水費上漲一百五十%。此外如前面提到的，公家對於水的品質不再有權置喙，一位蘇伊士的前董事表示：「我們來此是爲了賺錢，當初投資的公司遲早會回本，意思是顧客必須買單。」我們可不想把我們的水交給這些人控制。

一九九八年，澳洲雪梨的民營水公司（由蘇伊士控制）感染到隱孢子蟲（Cryptosporidium）和鞭毛蟲（Giardia），但是在一開始發現寄生蟲時，民眾卻沒有被告知。當加拿大安大略省的水源保護基礎建設被民營化時，爲許多社群帶來災難性的結果，以加拿大的小鎭沃克頓（Walkerton）爲例，由於喝下大腸桿菌污染的水，導致二〇〇〇年有七人死亡、兩百多人生病。英國的水公司則是有一籮筐的不良紀錄，從一九八九至一九九七年的八年間，包括威賽克斯（Wessex）（之前爲恩隆〔Enron〕的子公司）在內的四家大公司，因爲一二八次不同的違規事件而遭起訴。

很多人辯稱水是基本人權，因此絕不該在公開市場上，被賣給出價最高的投標者，也絕不能訴諸公開市場決定的價格。儘管如此，二〇〇〇年國際貨幣基金的貸款案件中，至少十二件是以水的民營化爲交換條件。

全世界的水大約五%已經被民營化，但水公司對於與開發中國家簽約變得愈來愈謹愼，部分是因爲政治的不確定性，也因爲貧窮國家學會談判出更有利的條件。但是由於地球上有四十%的人口生活在水短缺的國家，加上聯合國估計到二〇二五年約有二十七億人將面臨水資源的短缺，人類顯然急需一種新的模式，來保存與分配這種最寶貴的液體，因爲在許多國家，政府和民營企業都未能滿足人民的需求，尤其是窮人。

對私人水交易的憤怒

三蘭港是全世界成長最快速的城市之一，它的民營化供水系統裝設於五〇年代，根本無法滿足如今住在當地的三百多萬人。只有約六萬人和主要送水管道相連，據估計有三分之二的可用水不是因爲管線破裂而外漏，就是被偷走。無法取得水的窮人，以十二 TZ 先令（約一・二美分）的代價購買一加侖水，成本相當於大量輸送到私人用戶家裡的兩倍。

根據行動救援坦尚尼亞（Action-Aid Tanzania）的主任蘿斯・木希（Rose Mushi）表示，結果是窮人受到財務上的懲罰，他們生病，依舊貧窮。當時她正在三蘭港的記者會上發言，會中水利部長宣布政府已經取消和都市水公司（City Water）的合約（這是替英國公司百沃特〔Biwater〕與德國工程師合作的公司名稱），宣稱這家公司未能依承諾裝設新管線並改善水質，又說水的收入減少。該公司承認管線更新與水質改善計畫的進度落後，儘管沒有裝設新管線，但是無論是質與量都有所改善，他們還表示政府提供錯誤的供水資料。

於是英國政府的標竿計畫之一就此結束，這項計畫原本想成爲開發中國家的典範。事實上，跨國企業的水資源民營化，在世界各地正面臨愈來愈大的困難，工會通常會激烈反對，但是往往有政府撐腰。國際貨幣基金和世界銀行在爲自己的公司進行合約的疏通時，角色普遍受到質疑。根據行動救援和世界開發運動（World Development Movement）等開發團體表示，包括坦尚尼亞在內的許多國家，受到國際貨幣基金要求經濟改革或是當它們向世界銀行申請貸款時，通常被迫民營化。

世界開發運動的大衛・提姆斯（Dave Timms）在倫敦的一項會議中表示，坦尚尼亞被迫將水民營化，以作爲豁免國際債務的條件。「國際貨幣基金強迫全世界最貧窮的國家之一將水民營化，以圖利西方的水公司。」他說。該組織主管政策的彼得・哈德卡索（Peter Hardcastle）又說：「英國等捐助國，正把現金往私部門堆。公部門不被視爲選項。」

八〇年代，在水危機的初期跡象逐漸浮現下，世界銀行、國際貨幣基金和英法等捐助國的政府，才將私部門視爲籌措解決問題所需金錢的唯一方法。之後有數家國際公司迫不及待將貧窮國家的水資源民營化，他們交涉出的合約，讓他們享有最高達三十年的獨佔權，外加保證獲利三十%至四十%。有些公司被控賄賂政府，最後鬧上法庭。當承諾給窮人的水一再跳票、物價上漲、人民失去工作機會，再加上對這些民營獨佔者的憎恨與日俱增，最後導致不滿情緒逐漸升高。

過去十年來，水資源民營化的計畫在千里達（Trinidad）、阿根廷、南非和菲律賓等地，面對排山倒海而來的反對聲浪，在迦納，就在一片示威與指控高層貪腐的行動過後，世界銀行終於退出。在玻利維亞，民營化造成多起抗議。二〇〇〇年的科恰班巴省（Cochabamba）在水價上漲、法國公司被迫離境後，多人在暴動中被殺。二〇〇五年初，另一家公司（英國承包商聯合公用事業公司〔United Utilities〕和美國的比奇特爾的合資企業）在試圖調漲水價時被迫離境，他們宣稱漲價是因爲玻利維亞政府將數百萬英鎊的投資計畫強加在該公司的身上。

會不會爲水開戰？

「本世紀將爲水而戰。」這是世界銀行前副總裁伊斯邁爾·賽拉傑汀（Ismail Serageldin）於一九九九年所做的評論。多數人同意，今日戰爭背後的經濟動力來自石油，爲水而戰會糟過幾百倍。汽油是奢侈品，水是必需品。若說整個世界有哪個原因是跨越所有社會、國家、種族和經濟界線，那就是水。此外，任何一方因爲有限資源的控制而引發衝突，在歷史上屢見不鮮，這或許是我們這一生中即將面臨的一大議題。

你能做什麼

首先，我們可以從不同角度思考水，將它視爲一種寶貴而且逐漸受威脅的資源。我們可以停止將它視爲理所當然，停止浪費它。即使小如刷牙時放任水龍頭的水一直流，只要有夠多的人動個手，諸如此類的小事也將帶來很大的不同。讓我們別再任由水無謂地流淌了。多想想我們清洗時用掉多少水量。許多馬桶的沖水量是正常所需的兩倍，只要在水箱裡擺個裝置，就可以解決這樣的問題。

說到冰塊的使用，又是嚴重的水資源浪費：你用來保持飲料冰冷的冰塊、你在加油站取來的冰塊，你從旅館製冰機拿到的免費冰塊、支撐著一瓶香檳或白酒——或甚至是一瓶水——放在冰桶裡的冰塊等。野餐時，你放在冰桶裡讓飲料冰冷的冰塊。當冰塊完成任務時，接下來會怎麼樣？你是否停下來想想那些沒有乾淨的水可喝的人？還有別忘了，用來製作冰塊的所有能源。

假如你打算開闢一個菜園，想想在自然情況下有多少水可用，在決定種什麼植物時，請將它列入考量，你只在夜間澆水，等白天的熱度散去，否則寶貴的水多半會蒸發。

你可以做的眞正重要的一件事，就是買個水龍頭過濾器，這樣你就再也不需要買罐裝水，因爲有需求才會被生產、被行銷。許多五金店都有販賣水龍頭過濾器，也可以上網訂購，當水資源是由公用事業控制而不是受制於企業利益時，往往受到嚴謹規範且經常測試水的濁度，這其實要比罐裝水更安全可靠許多。新鮮、過濾過的自來水滋味也跟罐裝水一樣好，甚至更好。（編按：此處所指自來水，係歐美系統）

假如你想做更多，寫信給包括參眾議員或議員等當地的民意代表，或者索性去拜訪他們，跟他們說你反對把水賣給企業，尤其是外國的跨國企業。你也可以進一步了解並支持公共部門朝向水資源解決方案的永續計畫，多了解藍色星球計畫（Blue Planet Project），這個團體在尋求解決世界逐漸浮現的水危機上著墨頗深，或許你使得上力。

最重要的，想想你是怎麼用水的，別把水視爲理所當然。

生產兩磅食物需要用水的加侖數

（採傳統農業法）

牛肉	二六、四〇〇	高粱	二九〇
雞	九二〇	苜蓿	二三五
大豆	五三〇	大麥	二三五
米	五〇五	馬鈴薯	一三〇
玉米	三七〇		

18 內布拉斯加的故事

土地是永生的母親。

——毛利諺語

我接連四年，拜訪內布拉斯加州的普拉特河（Platte River），親眼目睹沙丘鶴、雪雁等水鳥遷徙時那令人嘆爲觀止的景象。最尖峰時可能有高達一千兩百萬隻鳥。鶴是在三月間來到這裡，逗留幾個禮拜並以普拉特谷（Platte Valley）田地收成剩下的玉米爲食物，他們必須囤積足夠的體脂肪，以供往北遷移的漫漫長路之用，有些鶴最遠到達西伯利亞。數萬年來，支持這一年一度遷移的，是普拉特另一端綿延數英里草原上的穀物，加上河岸邊濕草地的青蛙、蠕蟲等提供蛋白質。暫居期間的每個晚上，鶴和雁會在這如絲緞般的美麗普拉特河沙岸邊棲息，這條河流經構成奧加拉拉地下蓄水層（Ogallala Aquifer）底部的上方，那裡是全世界最長的地下蓄水層。

我愛上這片草原和遷徙的神奇，也對這區域的歷史、悲劇深深著迷，更迷上人類在這曾經被稱爲大美國沙漠（Great American Desert）上，與大自然互動的大無畏與新發現的希望。他們努力、不屈不撓、創新技術並付出極大力量，從看似不毛的土地生產出食物來。此外，它也是大企業對抗個體農戶的故事，說明世界上這麼多地方發生過什麼、什麼仍在發生。我在本書接近尾聲時用這個故事，因爲它把我們在之前幾章探討得很多主題串聯在一起。此外，它也說明百折不撓的人類精神以及大自然的韌性。

十三、四世紀，就在白人到來之前，波尼（Pawnee）部族在河畔附近墾地，他們種植十種玉米、七種南瓜和八種豆類，他們既不灌溉，也幾乎不干預自然環境，直到一八六〇年代，公地放領法案（Homestead Act）通過後情況才有所改變，這項法案讓拓荒的白人家庭只要同意開墾，就可免費取得數英畝的土地。撇開類似承諾所帶來的挑戰，許多人搬到內布拉斯加州，來利用這項優惠條件。

這對自然植被和草原野生生活造成極具毀滅性的影響，對最後僅存的波尼印地安人來說也是。新來者帶進的疾病加上愈來愈常遭到達科他人（Dakota）攻擊，導致他們的人數不斷遞減。到了一八七五年，最後的波尼人成爲移居者的眼中釘，加上數百年來仰賴的大量水牛群幾近絕跡，於是被迫搬到奧克拉荷馬州的「印地安區」。

在此同時，早期拓荒者儘管篳路藍縷，但卻逐漸開始開墾草原，一開始將地表水透過溝渠引流以便灌溉田地。這多半用來灌溉菜園、樹、草地跟一些牧草原用，也用來栽種穀類作物。之後在一八九〇年代初期間，嚴重的乾旱造成大量作物損失，因爲當水無法在河川和溪裡自由流動，農民當然也就不能在最需要的時候灌溉。就在此時，農民開始想辦法利用奧加拉拉地下蓄水層的純淨好水，因而開鑿了第一批自流井。

直到四〇、五〇年代，隨著渦輪引擎出現，地下水才眞正被開採出來，因爲新的強力抽水機才能把更深處的水抽出來。由於愈來愈多井被開挖，使得上百英畝土地逐漸獲得灌溉，尤其在一九五三—一九五七年的乾旱期間。（一九五三年的水井還不到一千座，一九五六則有四千五百座。到了二〇〇〇年有八萬一千一百一十二個抽水幫浦。）

但是，對草原造成最大衝擊的技術，卻是到處蔓生的自動灑水灌溉系統，專門用在廣大的環狀田地上，也就是從飛機俯瞰常看到的那種，甚至從太空都看得見。有人說自動灑水系統的到來，是自從曳引機取代動物犁田以來，最重要的農耕機械創新。這套系統包含一串灑水器圍繞著中心灑水點，這根灑水線能越過山丘、穿過山谷，掃過大片土地，在老天吝於給水的地方灑水。由於轉軸經常可以深入地下，而且有引擎從含水層把水抽出來，因此兩種效果相加便以驚人、且大多不受監控的速度將地下水位榨乾。愈來愈多自動灑水系統被安裝，因此上百萬英畝原本不適於耕種的土地，就愈來愈可能被開墾。一九六〇年，兩百萬英畝的田地被犁墾，二〇〇〇年增加到八百四十萬英畝。

他們擁有玉米

今天，內布拉斯加州中部的農業系統，被認爲是全世界最有生產力的系統之一，但它幾乎清一色生產「玉米」。內布拉斯加州是第三大玉米生產地，僅次於伊利諾州和愛達荷州，生產的玉米多半是用來做爲牛的飼料。排名第二的最常栽種的作物則是大豆。其實普拉特谷的肥沃土壤也適合種植其他作物，例如甜菜根、乾的可食豆類、高粱、大麥跟苜蓿等，但由於玉米對水和肥料的施用最有反應，因此有些田地過去三十年來只生產玉米。

長期栽種單一作物，會產生相關問題。首先，缺乏作物輪種意謂著可能因爲風蝕而造成土壤流失，再者，這麼做容易造成玉米根蟲、玉米螟、紅蜘蛛等昆蟲大量繁殖，而這些蟲對殺蟲劑逐漸產生抗性，人們於是必須用更多化學物質來杜絕它們，這些化學物質進入表水層再滲入地下水，於是含水層愈來愈毒，而在沒有替代作物的情況下，一旦玉米價格下跌，農民就蒙受嚴重損失，大企業趁機傾銷玉米來操縱玉米價格，趁著小農放棄求生之際，收購並控制更多土地。

他們擁有工廠農場

擁有四萬頭豬的設施，創造出相當於十六萬人的污水，這等於是奧瑪哈這個地方的半數人口。但是，糞便的散播不光是製造氣味污染，也把細菌和有毒物質帶進空氣和地下水中，而由於水源無可避免是互通的，所以也會因此流進河川和溪流，對當地生態造成嚴重後果。但是，等到人們察覺到這些設施的廢物所造成的影響時，對當地的植物、動物，有時是人類來說往往爲時已晚。

今年春天，我在內布拉斯加州遇到一位男士，他從一九三七年以來就在某個小鎭上生活與耕作。他還淸楚記得內布拉斯加的豬圈在他們社區扮演的重要角色。那年頭有關棄置豬廢棄物的立法無關緊要，因爲沒有一間養豬場的規模能與他抗衡，沒有人曾經考慮測試地下水的污染物，因爲沒有人曾經因此生病。換言之那年頭的大人沒有呼吸道的問題，嬰兒也沒有「藍寶寶症候群」（blue baby syndrome）（譯註：水中過量硝酸減低嬰兒吸氧能力，使嬰兒皮膚呈現藍色。），而上百萬條魚也沒有在溪流中暴斃。

但是他說，八〇年代情況開始改變，大企業上場，興建第一批豬隻的工廠農場，又名「集中動物飼養業者」（Confined Animal Feeding Operation），在飼料添加荷爾蒙和抗生素的情況下，這些農場開始大量飼養生長快速的豬隻，於是每隻豬的價格從三十六美元迅速暴跌到八美元。當地豬農眼看收支難以平衡，許多人關門大吉。

除了這些工廠農場令人髮指的殘酷行徑外，還有豬隻廢棄物的處置問題。第六章提到，豬廢棄物被丟棄在開放的「潟湖」，有時廢棄物經過稀釋，噴灑在鄰近的（通常都是基因改造）作物上。換言之，肥料混合了殘留的抗生素，經常還加上具抗生素抗性的細菌。這些廢棄物的惡臭令人做噁，我的朋友湯姆．孟格爾森長年住在懷俄明州的傑克遜洞（Jackson Hole），但他在家鄉內布拉斯加還留了一間小木屋，有回我去湯姆的小木屋，附近田地才剛施用稀釋後的豬廢棄物，那種味道讓我們相當受不了，難怪一旦興建養豬場，凡氣味所及的不動產都會跌價。在我小時候，農場的豬糞氣味才不會像那樣，一點都不像。難怪美國的豬產業鎖定貧窮的鄉下小鎮，因爲在那裡不花大錢就可以擺平政治人物，也最容易讓批判噤口。

「如果在紐約，絕對不可能丟棄這種東西的，」羅拉・克雷斯巴哈（Laura Krebsbach）說，她專精「集中動物飼養業者」的州與聯邦法規。「但是，內布拉斯加的櫻桃郡（Cherry County）就很難大聲抗議，因爲當地每平方英里才一個住民而已。」

他們擁有全球性的超級市場

此處的農民面臨許多其他問題。布萊恩・豪威爾在他鞭辟入裡的著作《在這裡吃》中，解釋五〇年代內布拉斯加州城市消費的水果蔬菜，幾乎全數是在當地栽種的，之後附設冷藏設施的長程拖車、廉價的汽油、日益精進的食品保鮮加工技術，以及聯邦補助的州際高速公路系統，在在都使食物的長途運輸成爲可能。這預示著大型超市的到來——它們在愈來愈多的城市和鄉鎮出現，販賣著全國各地與海外的食物，因此隨著當地農田的獲利每下愈況，內布拉斯加州（及周遭各州）上千個家庭農場紛紛陣亡，農業社群逐漸被重劃後的小塊土地和水泥取代。至於剩餘的農民則多半仰賴玉米和大豆有好的收成，才能維持他們的生計。

有遠見的內布拉加州人

喬治·諾利斯（George W. Norris）（一八六一——一九四四）在自家位於俄亥俄州的農場展開農耕生涯，他總是與農民和市井小民為友。二十四歲搬到內布拉斯加州研讀法律，愛上那片土地，最後當選進入國會，成為一個勤於問政的參議員，他也是內布拉斯加州史上最耀眼的政治人物。

諾利斯那高瞻遠矚的創見，在於單一的大計畫內結合了洪水控制、灌溉、地下水補給、水流量維護、新生地開發、森林復育和發電等面向。他實現這項計畫所花費的心力，因為一個重大爭議而受挫長達十二年之久——倒底該交由私有企業開發，還是聯邦政府開發呢？一開始，國會似乎假設民營開發是唯一選項，但是諾利斯孜孜不倦地爲政府管理水資源展開遊說，他相信水是上帝授予的自然資源，目的是爲人民所用，而不是當作搖錢樹的商品。他在自傳中寫到：「自始至終，這兩種人之間存在著無從調解的衝突：一邊相信美國的天然財富最好是由私有資本與企業開發；另一邊則相信跟天然資源相關的特定活動，唯有聯邦政府的偉大力量，才能在爲最多數人爭取最大利益的無私精神下完成必要任務。」要是他知道「聯邦政府的偉大力量」如今被用來強化私有資本和企業的勢力，因而傷害當初他不眠不休爲之奔走的家庭小農，他必定會相當震驚。此外，今日跨國企業的力量，以及他們矢志接管全球水資源供應，應該會讓他更加震驚。

他們還製造水危機

在前一章，我們探討全球供水危機的逐漸浮現，內布拉斯加及其周邊各州無疑是現成最佳案例。目前（二〇〇五年春季），科羅拉多、內布拉斯加和懷俄明正處在枯水週期的第五年，越來越多人關注該區地表水與地下含水層的水平面雙雙下沈。水不僅供作農業用，在快速成長的鄉鎮也漸漸被供作家用。內布拉斯加州的某些地方已經針對開鑿新井給予貸款展延，並計畫將類似規定用在其他地方。這引起一波鑿井熱潮，事實上，開鑿的步調超越開鑿的限制，過去三年來新開鑿的井，佔過去十年來鑿井總數的四十四%以上。二〇〇四年，全州的新井連續三年高達一千座，至今對可汲取的水量並未設限，但情況應該會改變，一如在其他州。主要問題在於，種植玉米和大豆都很耗水，光是二〇〇三年一年，農民就對八百五十萬英畝的田地灌溉達一英尺深的水，其中有些水取自地表，但多數都是抽取地下水。

我是在二〇〇三年首次得知普拉特河正瀕臨危險。想到這件事就令人不寒而慄，於是我問湯姆可不可以安排我跟幾位當地農民和保護團體會面。第二年，多虧湯姆的朋友保羅・瓊斯葛德（Paul Johnsguard）的努力，我們參加一場類似的會議，聽取兩個團體面對的問題。一開始農民似有難言之隱，但是等到他們鬆開心防，情況變得明朗：他們正處在艱困期。有能力控制玉米價格的大企業令他們倍感壓力，爲了達到收支平衡，每位農民在一塊原本分給四到五位農民的地區耕作，他們犁的土地一直連通到道路，毀壞最後一點自然棲息的野生生物，原因是寸土寸金。他們痛恨那些每年來一次觀賞鶴遷徙的訪客，大剌剌走過他們的土地，卻沒有說一句「承蒙應允」或「謝謝你」。此外，他們也痛恨買下土地的保護團體，因爲他們付出膨脹的價格，因而拉高同一區域的所有地價，害得農民稅負因此增加。

我跟他們說到岡貝周遭的農民所面臨的問題，以及我們試圖幫助他們的幾種方式，讓他們回過頭還來幫我們照顧黑猩猩。我問道，該如何幫助這群普拉特谷的農民？我們討論大夥提議的各個解決方案。

首先是森林保護區的地役權，如果某位農民登記加入該計畫，同意永遠不開發他土地的某幾部分，也不允許這幾部分被開發，如此一來，他就有權取得各種租稅減免。另一個方案是，付錢給從懷俄明邊界一路沿著共和鎮（Repulican）和普拉特河的農民，請他們別灌溉，這麼做的目的是保存水，並將十萬英畝左右用來栽種作物的土地回復成青草地。該計畫於二〇〇二年開始，至今一萬九千八百一十八英畝的土地已經接受保護，所有農民表示他們當然會利用這個優惠待遇，但也懷疑之後是否果眞會有錢進來。此外有幾個小方案，是由保護團體付錢給農民，請他們別收割作物，把更多穀物留給鳥類。

一位年長農民開始回憶起當年。他記得小時候夜裡冒著轟鳴與雷電聲響，走近因暴雨突然氾濫的普拉特河，科羅拉多州的雪在春季溶解導致大水從山上一洩而下，挾帶泥沙造成新的河道。「現在有太多水壩跟水庫了，」他認爲。他還記得小時候喝家裡那口井的水，一杯杯滿滿乾淨、清涼的水。「現在我連一茶匙那裡的水都不准我孫兒們喝，」他說。「全都是我們爲了種玉米而灑進田裡的化學物質害的。」

他陷入沈默。我猜是想到早已消失的世界：一個曾經乾淨的世界，一個對農民來說必須辛苦耕種的世界，但卻是他付出努力，期待子女將繼承他土地以及他對土地的愛的世界。現在這些農民告訴我們，他們的孩子很少願意留下來。他們到鎮上淘金，遠離吃力不討好的農事，遠離爲收支平衡而掙扎著過活，也遠離那流過正在下沈的有毒含水層、水量日益稀薄的河流。

接著，我們談到鶴跟其他鳥類。但是對農民來說，鶴其實處在令人遺憾的處境。鶴仰賴收成後留在地上的穀物，提供他們足夠的體脂肪向北遷徙到阿拉斯加和西伯利亞。然而，這樣的依賴性是因爲草原與濕地動物的蛋白質被破壞所造成，或許這群鶴及他們吸引的訪客，能夠用某種方式對掙扎求生存的農民助一臂之力。有些農民在緊鄰河邊的土地上，建了賞鳥用的小型遮蔽物，讓愈來愈多訪客欣賞鶴在夜間的到來。

但是內布拉斯加愈來愈有希望

當我跟這群農民會面時，沒有談到的是慢食運動帶來的一線希望，這是一些人所知的食物革命。在我開始撰寫本書之前，從沒眞正思考過，但是慢食運動卻在內布拉斯加州發揮作用。

二〇〇四年，我到林肯市的一所大學演講，當時我還沒聽過約翰·埃里斯（John Ellis）跟他的「中城農夫市場」（Centerville Farmers Market），這是他跟其他幾位當地農民合開的商店。這家店所賣的，幾乎涵蓋林肯市方圓五十英里內五十個農家的全部食物，當他最初賣掉他的農場跟設備來開這麼一家店，這在當時可說是嶄新的革命性概念。我在布萊恩·豪威爾的著作《在這裡吃》中讀到約翰·埃里斯的事，這個事業成爲人類不屈不撓精神的縮影——而且是跟自然界的不屈不撓有關。

即使知道市鎮的另一邊開有一家擁有二十八個專賣食物走道的沃爾瑪超級購物中心（Wal-Mart Supercenter），約翰的店照常開張。他相信顧客會光顧「中城農夫市場」，因爲他們想要在地食物，他知道沃爾瑪幾乎所有食物都是旅行數千英里才來到這裡，即使就在林肯市外圍的萵苣農，如果想把東西賣到沃爾瑪，也得把農產品運送二二五英里來到北普拉特接受檢查（每顆萵苣一定要符合品管與外表的嚴格規定），在那之後再運送二二五英里回到林肯販賣。

讓美洲野牛回歸草原

即使農企業的公司收購愈來愈多土地，短期內能夠從這些土地榨取的利潤愈來愈大，但是有些人還是抱持著比較永續的企業模式來收購土地的。

其中一位這樣的先驅者，是知名的媒體大亨，也是自然主義者泰德・透納（Ted Turner），最近我在紐約遇見他時，我們談到他的願景，泰德光是在內布拉斯加一地就擁有五座牧場，佔地近三十八萬八千英畝（約六百平方英里），泰德的目標是「用經濟永續、生態敏感的方式管理土地，同時促進自然物種的保存。」這些目標在他所有牧場裡正獲得落實，證明了在受限、永續的木材開採和休閒機會下經營牧場，在經濟上是足以存活的。

泰德・透納也投入相當的資源，重建這塊物產的自然生態。草原經過更生，曾經為了製造稻草而抽乾水的濕地也回復原貌，野牛嚼食天然牧草，其他自然野生動物則受到保護，整體來說，泰德・透納總共取得美國兩百萬英畝的土地，將他在保育方面的力量集中在二十幾種野生動物品種上，其中許多被列名為受威脅、瀕臨危險或在絕種邊緣。他以行動向農業社群證實，經營牧場是可以兼顧獲利，同時回復並保育草原之美。多麼一個了不起的例子，說明一個事業有成的企業家正利用他的財富，讓世界更美好。

在北普拉特，沃爾瑪的區域配銷中心，是由一連串到處蔓生、如飛機棚大小的倉庫所構成，裡頭有巨型冰櫃、催熟室及蔬果、肉品、牛奶等所有生鮮食物的包裝站，這些食物將被賣到整個美國大平原區的各處巨型超市。約翰・埃里斯怎能奢望競爭得過他們？唯有提高消費大眾的覺醒！此外，他和一群志同道合者正朝向這個目標努力。在他的店背後是個「商業廚房」，農民可以跟購物者打成一片，大廚則在此展示如何用在地農產品做出一道道令人食指大動的菜餚。這家店的牆壁專供當地學校在上面畫畫，創造出一座藝廊，孩子在這裡學習跟食物有關的事。

約翰・埃里斯不是唯一的一位。很多類似店家紛紛出現。此外，林肯市及周遭區域也出現越來越多的農夫市場，農民串聯在一起，將更多種農產品供應給更多人。愈來愈多政治人物和選民，支持保護農民及其土地的地役權和租稅扣抵等措施，這些措施也有助於保存鄉村的美與生物的多樣性。許多農夫市場已經變成社交聚會、音樂和新聞交換的場所，更增添這市場受歡迎的程度。人們得以認識栽種食物的農民，並感受這些農民對他們的生產方式負起更大責任。

影溪（Shadowbrook）位在林肯市的市界之內，是一座佔地三十六公頃的認證有機農場，並供應給七十個家庭。社區菜園正紛紛興起，此處一如世界上的許多地方，都市人從「玩泥巴」當中找到內心的寧靜，驚嘆於親手栽種的生命成長茁壯，聆聽鳥的鳴唱和蜜蜂的嗡嗡作響。這些社區菜園的收成物，以及為當地社群耕種的農民，才真正是為希望收成的一群人。當這樣的努力獲得愈多人支持，用自己辛苦掙來的錢購買農夫市場的農產品，同時發揮政治力量，投票給保護這種農產品來源的措施，就會有愈多樣的作物重回這遭到掠奪的土地。今天的內布拉斯加甚至還可以自己種葡萄釀酒呢。

我待在那裡的最後一個晚上，有我見過最令人驚豔的日落景象。一抹略帶淡黃的粉紅色，轉變成一種不真實的深紅，然後紫色，然後火紅。湯姆、我妹妹，跟我坐在一處俯瞰河流的小山丘，觀賞並聆聽一群群鶴飛來，野性的聲音充塞空氣中，音量之大讓州際公路上的卡車也相形失色。還是有足夠的食物、足夠的水，來維持這從古早以來的遷徙行動，而我們也必須共同確保子孫也有機會驚嘆自然界最壯觀的景象，當我們走回小木屋，爲夜晚的神奇而沈默之際，落日的餘暉依然在幾近全黑的天空悶燒著，收成過的玉米殘株從河邊一直延伸到遠處，中央灑水系統的漆黑形體在天際線浮現，一輛卡車在高速公路上呼嘯而過，至於鶴，鶴還在鳴叫。

某人的記憶

（撰寫者爲攝影師湯姆・孟格爾頌，他成長於內布拉斯加州的大草原。）

「在十二歲小孩的眼中，奈德・馬丁（Ned Martin）是個巨人，身高六呎多，有雙明亮的藍眼眸，總是穿著連身工作服，頭戴有汗漬的皺皺牛仔草帽，遮蓋住他稀疏的頂上。帽子看似跟他的笑容一樣歷史悠久。

「他的嘴角總是銜了一根牙籤，我猜是隨時準備吃牛排吧。我們的食物幾乎全都是奈德牧場飼養的，多半是豬、雞跟牛。奈德是個自尊心強但卻很溫柔的人，他關心他的牲口，經常如數家珍似地說著他最愛的動物。他們對他來說，不光代表另一塊錢或另一塊豬排肉。雞則是自由自在地跑著，養雞場設有煤油燈，在較冷的夜晚提供些許溫暖。穀倉裡都是馬跟乳牛。奈德飼養的動物多半都有空間，他們不光是被養得白白胖胖好拿到市場賣，也多半擁有自己的生活。奈德也喜歡被野生動物圍繞，他將灌木籬和林地留給雉雞、兔子和鹿，紅尾鷹坐在白楊樹上，他自認沒有必要成爲鄰近一帶最整潔的牧場，而奈德的鄰居大多也做如是想，有許多空間開放給野生動物和牲口。

「現在在我眼前的，跟我的記憶大異其趣。牛群在齊膝的棕色糞便和泥濘中緩慢前移，將頸子伸向陌生人的攝影機鏡頭，鼻孔張得大大的，好奇的水汪汪黑眼睛幾乎有棒球般大，我這輩子頭一回跟我吃的漢堡跟丁骨牛排面對面，突然間覺得好噁心。飼養場很大，有一平方英里，最靠近的牛群是亞伯丁安格斯牛，但是在他們之外還有上千頭白面赫理福德牛（Hereford），有些站在比較乾的土墩上，這些土墩是推土機堆成的小丘，絕大多數的牛則在糞堆上蹣跚前進。之前三月初下雨又下雪了好些日子，我想像會是怎樣的景象，那肯定不是個慘字了得。幸好上個禮拜以來一直是風和日麗的天氣，即使風從我背後吹來，刺鼻的氣味也幾乎讓人無法忍受，飼養場旁的穀物潮濕生黴，和玉米桿子一起磨成一種聞起來有股糖蜜味道的青貯飼料糊，眼前看不到林地或灌木叢，只有疏落幾棵白楊樹，這個飼養場是當地十幾間飼養場中最大的之一，距內布拉斯加大島（Grand Island）以西數英里，跟二次大戰期間炸彈等軍需品的規定儲存地點僅一線之隔。當初選這地點，是因爲它位在美國的中央，遠離任何海岸。

「所以，到底怎麼發生的？在我面前的景象，是牛站在自己齊膝高的廢棄物中？大穀倉滿到外溢，政府補貼的過剩玉米堆積成山？

「五十年前，起伏的大草原還一直保持原樣，因爲地形的關係而不可能灌溉，如今只有最陡的山丘和溪谷尚未被染指。這要感謝自動灑水系統的出現，在原本是林地和天然大草原，如今卻大半不毛的地貌上延伸前進。的確，幾種野生物種因爲現代農耕技術和穀物的不虞匱乏而獲得些許好處，遷徙的水禽和鶴，靠著收成剩下的穀物，做爲他們一路往北遷徙的燃料。由於郊狼和美洲獅等捕食者大多被殺死，因此野生火雞和白尾鹿就更加佔優勢，然而許多物種已經被征服，之前數量充裕的棉尾兔、草原雞和尖尾松雞幾近消失。我小時候有一天夏季夜晚，在苜蓿田裡就數到一百二十三隻長耳大野兔，但我已經三十幾年沒見過一隻長耳大野兔了。

「我最喜歡的兒時記憶，就是在奈德·馬丁位於內布拉斯加州麥斯威爾（Maxwell）東邊的牧場渡過的夏季，還有在普拉特河附近的史奈德（Schneider）農場，我們至今仍保有小木屋。馬丁一家子雖然栽種一些作物，但是喜歡把自己想成是經營牧場更勝經營農場。他們在內布拉斯加州沙丘（Sandhills）的原始短草原上養牛。那年頭，早春晨間因爲草地鷚和北美歌雀那清脆尖銳的叫聲而更顯豐富。帶有草原味道的空氣總是清涼的，讓人忍不住深呼吸。成群結隊的低飛草原雞和尖尾松雞離開聚集求偶的地方，又叫做跳舞場，飛越山谷尋覓早餐。

「那年頭看到的牛，散布在廣大草地上，似乎是健康又開心。牧童不時把牛群放牧到更綠的草原，到了冬天將他們遷移到可以吃到乾草堆或苜蓿的地方。他們的肉既精瘦又可口。奈德·馬丁讓我見識了如何用正確的方式，用他飼養的牛來煎牛排。他將大型鑄鐵煎鍋下的丙烷燃燒器轉到最大火，從冰箱取出一塊二十盎司手切的牛里肌肉，在兩面灑上大量鹽巴，將牛排啪地一聲放進平底鍋。數到五，將牛排翻面後再數到五，然後就可以吃了。我看得嘆為觀止。

「自從三個禮拜前，我跟一群用玉米飼養的內布拉斯加州上等牛肉大眼瞪小眼後，至今還覺得食物淤積在胃裡。告示牌上寫著：『不許擅入——生物安全區』我不知道這牌子是用來保護我還是牛群，我盡量別跨越籬笆一英吋。在哈特蘭（Heartland）這裡，造成物種減少的不光是棲息地的喪失，也包括為了提昇玉米產出，而在田地施用的化學肥料、除草劑和殺蟲劑等毒藥。這些玉米跟飼養場餵牛吃的一模一樣，工業化農耕迫使許多家庭農場步上長耳大野兔的後塵。奈德也不在了，但我永遠忘不了他對動物，以及對飼養這些動物的土地的尊重。」

19 滿載希望的收穫

如果你失去希望，也就失去了讓你活下去的力量，你失去生而爲人的勇氣，幫助你不畏一切艱難繼續走下去的品質。所以到今日我還有夢。

——馬丁・路德・金恩二世（Martin Luther King, Jr）

我們活在動盪不安的時代。大型企業控制世界大部分的食物以及種子的專利權。數十億農場動物生活在全然匱乏與悲慘的條件之下。人類與動物被毒害的程度愈來愈深，那是大量噴灑在田地、作物，和食物農產品上的化學物質，它們已經污染了地球的水、土壤和空氣。致病細菌對於例行施用到工廠動物的抗生素產生抗性，基因改造生物體（GMO）偷偷溜進自然環境，誰曉得那最後代表了什麼？數十億噸的化石燃料被用來將食物從地球的一邊運送到另一邊——而且經常又被送回來——對全球氣候的改變造成顯著影響。此外，地球的土壤不僅被毒害，也從整地後等待耕種的土地上，被風吹向各處。政府補貼的單一作物為製造漢堡和丁骨牛排提供燃料。上千西方孩童死於肥胖及其相關疾病，而開發中國家卻有數以百萬計的人餓死。家庭農場關門大吉，瀝青和水泥散佈到愈來愈多適於耕種的好土地，水的稀有與被污染的程度，同樣令人驚恐。

這一切使人讀來不勝欷噓。在撰寫本書時，當我愈來愈了解幾家大型跨國企業的不道德行徑時，我曾經為此做過惡夢。這些公司的勢力之龐大，以致能以唯有他們才負擔得起的訴訟，毀滅所有違背他們意旨的人。許多企業獻出大筆政治競選獻金，以換取對他們計畫的支持。錢與權逐漸落入全球舞臺上愈來愈少數的那幾位。

二〇〇五年，聯合國發佈一份頗具恫嚇力的「千禧報告」（Millennium Report）。經過二十五年的研究，國際科學家組成的團隊終於達成一項發人深省的協議：除非停止工業農耕造成的污染和破壞，並正視過度捕撈和全球暖化的問題，否則我們將把二〇五〇年之前足以餵養全體人類的資源都用得精光。科學家將此比喻成透支銀行存款的人。說穿了，就是如果政府和產業繼續容許破壞地球資源的農耕法並給予實質補貼來賺取立即獲利，我們將吃掉一切可吃的東西，直到全體人類崩潰瓦解為止，並且還把許多物種一起拖下水。

幸好，報告指出情況並非全然絕望。換言之，只要採取立即步驟來減少化石燃料的釋放，終結政府和消費者對工業農業的支持——包括傷害地球的動物工廠農場和水產養殖場，轉而開始補貼並支持以較合理而永續的農業方法來餵養人類。「採取立即步驟」這句話是對我們每個人說的。這也是爲什麼我在這本書上投注了不曾有過的無數多小時。

從沒有任何一個時刻比現在還要關鍵：審慎思考食物從何而來、如何栽種、飼養和收成，我們就可以在充分了解的情況下，盡量購買對的東西。因爲我們的選擇不僅影響著自己的健康，也影響著環境和動物的福祉。此外，我們的選擇也將影響小型家庭農場。我說過有幾位農夫回歸較傳統的農耕法，努力（而且通常是非常努力）讓自己的農產品冠上「有機」的字樣，並再度成爲有智慧的土地管理人。盡量購買他們的農產品以表支持，這是絕對重要的。此外，說服朋友共襄盛舉。

我們一定要經常而且熱心地談論世界各地正在發生的正向發展，一方面有愈來愈多人針對食物所發生的一切有所醒悟，並開始理解自己製造哪些令人無法置信的混亂，於是人們開始抗議假借進步名義，行傷害人類、動物和環境之實，也抗議對兒童的未來、對地球的未來所做出的無度需索。有些抗議者接下令人敬畏的任務，例如波西．史麥瑟槙上孟山都，兩名紐約青少年賈斯林．布萊德利和愛希莉．培爾曼挺身對抗麥當勞。當然，有無數多對抗不公不義但卻失敗的例子，羅伯．甘迺迪在對抗養豬大亨時曾一度勝利，然而當後續的立法改變，容許這些豬農繼續污染，等於是背後被捅了一刀。但是每次只要表明立場，就會有更多人聽到實情，於是有更多人用自己的方式做出改變。

我在這群同心協力購買農地，將這些土地從開發商手中救出來的人，以及將基因改造作物從地上拔起的人們身上找到希望。有些人則是組織並經營農夫市場與合作社，有些參與慢食運動。至於像帕尼司家餐廳的艾麗絲．渥特斯和農夫食堂的塔德．莫菲等餐廳，則是一次一盤地改變世界。當某家公司開闢有機食品線、當某家連鎖餐廳與當地的有機農民簽定農產品採購合約，或者某個家庭決定加入社區支援農業團體時，幾乎很少登上頭版頭條。但這些行動在在給我希望，因爲它們已經爲世界帶來改變。

至於自然的韌性，她那修補人類造成傷害的能力，也仍存在著希望。珍古德協會改善岡貝國家公園周遭村民生活的TACARE計畫，最貼切地說明了用創新科技將曾經被過度耕作與棄置，最後導致多數表土被沖刷的土地恢復生機與生產力，營救經年被化學毒物污染的土地比較困難，也比較花時間，但是正如我在本書所證明的一樣，這是辦得到的。

此外，有愈來愈多人關心而且付諸行動，這也是希望所在。法蘭西斯・拉佩與安娜・拉佩這個絕佳的母女二人組，在他們的《一座小行星的新飲食方式》中形容：「一種新的社會心態」已經在巴西第四大城市貝羅奧利松（Belo Horizonte）形成。曾幾何時，五分之一的兒童營養不良，而貧窮更是處處可見。一九九三年，貝羅成爲「資本主義世界中，唯一決定將糧食保障定爲公民權的城市。」

這個城市改善了食品市場的運作方式。它每天提供了都市學校中所有學生四頓營養餐食，食材幾乎全都來自當地農民，這個城市爲四十多位當地農民設立農產品攤位，擁有並經營大眾餐廳（Restaurante Popular），以不到一半市價的價格，每天提供六千份餐食，這全都因爲有二十六個倉庫般大的商店，以固定價格販賣當地農產品——等於是附近雜貨店的半價——才讓事情變得可能。這些店使用公有的一流都市不動產，用超低價租給創業的人，政府保留定價的權力，業者則是每週末運送食物給窮人。

綠籃子（Green Basket）計畫將當地的有機農民，與醫院、餐廳和大型食物採購業者連在一起。有個在地食物委員會，協助教會與勞工團體組成伙伴組織，並且向政府提供改善糧食系統的建言，整個計畫只花掉都市預算的一%，被認爲極具成本效益。兒童的在校表現更加優異，等他們畢了業，有機會成爲有生產力的公民，而全體都市人民也變得健康許多。

的確，人腦這器官——每個人的頭顱裡裝的黏性細胞海綿體——做得出最不可思議的技術，不幸的是，當人的腦和心脫鉤，技術就可以被利用到不正當的地方。過去、現在是如此，未來也是。除非我們的才華跟愛與慈悲緊密結合，否則我們將不是有智慧的，哪怕我們仍然稱得上是聰明。

幸好，我不斷的旅行給了我許多機會認識許多智者，例如雨果・休巴西斯（Hugo Hubacec）博士與彼得・克羅摩爾（Peter Kromer）博士，兩人於二〇〇五年春到維也納見我，解釋他們傑出的「SIPIN 技術」，這種技術將爲乾旱條件下的農耕帶來革命，並大幅降低飢荒。由於不牽涉精密機器，因此可以輕易被當地村民使用。

SIPIN 是一種吸水的天然矽酸鹽粉末，能根據當地條件調整，並且與當地土壤合併使用。SIPIN 施用在植物根部附近的區域，用當地的泥土或沙覆蓋，經過一段時間，SIPIN

會變成非晶態黏土礦物質，以及穩定、天然黏土的合成物，這些合成物證實具高度吸水性，在施用過某株植物的根部後，可以在同一個地方種植其他植物，至少三年內不用進一步施用，有可能因此省下高達七十五%用來維持作物生命的水，在乾燥區更能拯救生命。使用 SIPIN 後，可用水資源的受惠人數將高達四、五倍之多，「我們不希望 SIPIN 被大企業行銷，」休巴西斯博士告訴我。「這只是用來幫助人的。」這是令人興奮的一次會面，我們計畫合作，將這了不起的技術帶到亟需的地方。

改變世界：一次買一個、一次吃一餐、一次咬一口

一如行銷人往往會做的，他們在消費者的前景中找到一股強大的力量。換言之，重視健康永續的生活形態，而且願意花錢購買支持他們信念的產品。他們說，這個團體過的是健康永續生活形態（Lifestyles of Health and Sustaninability），簡稱「樂活」（LOHAS）。據估計有六千八百萬的美國人，也就是大約成年人口的三分之一，合乎樂活族的條件。這些人在不自知的情況下，成爲近來食物革命中最具影響的力量。而且有許多志同道合者，包括想創造更健康永續土地的農民、關心食品中毒物與抗生素的公共衛

生官員、擔憂工廠農場污染的環保人士、希望在食物包裝上更精確標示食品來源的消費者權益團體，以及想爲工會成員爭取安全工作條件的工會積極分子，因爲這些人正大量暴露在有毒殺蟲劑與化學肥料的風險下。

是的，集體來說，人類是能帶來改變的力量。每次我們購買食物，每次在餐廳選擇一道菜，我們的選擇（我們買什麼）將造成改變，不光是爲自己的健康與內心寧靜，也爲地球的未來。幸好，愈來愈多人開始領悟到了，每次一個人爲他或她的生活方式做出類似改變，以合乎道德與健康方式飲食的人就增加一位。

每個人都是重要的，每個人每天都能帶來改變，這是珍古德協會「根與芽」全球青少年計畫的中心思想。「根與芽」的名字具象徵性意義，「根」打下堅固基礎，而「芽」看似渺小，但是爲了迎向陽光必須突破磚牆。把磚牆想像成人類在地球上遭遇到的種種問題，於是訊息便充滿希望：成千上萬的年輕人——超過九十個家的七千五百個團體——正突破各種型式的磚牆，讓世界變成更好的地方。

「根與芽」團體在幾個非洲國家維護樹的苗圃，並將幼苗分送給原本被曝曬荒土包圍的學校。樹在學生的照顧下成長，於是青草在樹蔭下存活。此外在校園綠化的鼓勵下，

「根與芽」團體利用栽種果樹和蔬菜來改善他們的飲食，庇護團體也栽種蔬菜，有些則是爲了雞蛋而養雞。

許多專案計畫都跟食物和農耕有關。學生製做堆肥，開闢小塊土地栽種有機蔬菜，兩個團體（一個在英國、一個在比利時）從電池農場營救母雞，研究如何讓母雞的毛長回來，並適應自由生活。他們以實際行動（永遠不用暴力）反對在食物上使用合成的化學物質，反對對牲口施用荷爾蒙和抗生素以爲預防，反對在農地使用殺蟲劑、除草劑和化學肥料，反對用非生物分解的容器作爲學校的午餐盒。他們正寫信給立法諸公，爲各種主張募款，此外，他們正在影響他們的父母。

於是，「根與芽」跟我們所有試圖改變世界的每個人共同努力。事實上，許多人預測在未來幾年，活躍分子將透過消費者選擇與經濟學的訓練發揮更大影響力，而不是透過立法遊說或訴訟案件。

用吃來投票

記住，每次購買食物都代表一次投票。我們或許不禁認爲自己小小的行爲並不怎麼要緊，一餐飯不能造成多大的改變。但是每一餐飯、每一口食物，都有著如何與何處栽種或飼養、以及如何收成的精彩歷史。我們的購買行爲，我們的投票，將決定未來。我們需要成千上萬的票，投給那些恢復地球健康的農業實務。

我們的世界再也經不起西方世界心不在焉的消費。此刻它正將貪婪的觸角延伸到全世界，這代價太大了，而且多半必須由子女支付。只有大家團結起來，拒買偷偷混入毒物和痛苦的食物，才能挺而對抗掌控地球的企業強權。讓我們手牽手，爲無聲與貧窮的人用力發聲，讓我們以身爲自由民主國家的公民伸張自己的權益，將食物的生產權拿回到我們的手中。我們一起爲更好的收成播種，那是「滿載希望的收穫」。

資源

現在其實找得到很多用心飲食可資利用的資源，因此以下清單絕不是最完整的。但我們希望這會是你在教育自己與他人如何對營養和永續性負起責任的過程中所踏出的另一步。

跟這些組織一起採取行動

藍色星球計畫（Blue Planet Project）—www.blueplanetproject.net

藍色星球計畫是超越國界的傑作，發起人爲加拿大人民評議會（Council of Canadians），目的是保護世界上的純淨好水，免於日益嚴重的貿易和私有化威脅。

廚師合作會（Chefs Collaborative）—www.chefscollaborative.org

廚師合作會是全國性的組織，促進以永續的方式飼養、在地栽培廚匠的食物。凡是對環境和食物選擇的相互關連性感興趣的人，皆可成爲會員。

地球日網路・足跡測驗（Earth Day Network's Footprint Quiz）
—www.earthday.net/footprint

地球日利用現成的最佳科學資料，用明確而且易懂的用語計算永續性。讓個人、政策分析師和政府可以衡量並彼此溝通自然資源的使用，對於經濟、環境、分配與安全保障所造成的衝擊。做一做足跡測驗，看你在地球上留下多大的足跡，一定會令你大開眼界。

拯救地球（EarthSave）—www.earthsave.org

「拯救地球」國際組織是由知名作家約翰・羅彬斯（John Robbins）創立，這也是讀者對他的著作《新世紀飲食》（(*Diet for a New America: How your Food Choice Affect Your Health, Happiness and the Future Life on Earht*）熱烈迴響的直接結果。

眞食物網絡（True Food Network）—www.truefoodnow.org

眞食物網絡提供「眞食物購物清單」（True Food Shopping List）的寶貴資源。雖然不是完整的手冊，但是對於想要更聰明、更安全購物的消費者來說卻是個起點，列出許多知名的食物品牌，以及是否含有基改生物體。

珍古德協會（Jane Goodall Institute）—www.janegoodall.org

全球性的非營利組織，賦予人們改變所有生命的力量。我們正在創造健康的生態系統，促進永續生活，並在世界各地培養堅定、活躍的新世代公民。

蒙特利海灣水族館（The Monterey Bay Aquarium）—www.mbayaq.org

水族館的使命，是喚起大家對保護海洋的意識，但這個資源豐富的網站，擁有大量事實和有用的工具來達成那個目標。一定要向他們索取免費的《海鮮觀察》小卡片（可以在他們的網站上下載），上面建議該買哪些海鮮、哪些該避免，讓消費者成爲環境友善海鮮的擁護者。

新英格蘭文化遺產品種保存組織（New England Heritage Breeds Conservancy）

—www.nehbc.org

該組織致力保護歷史悠久與瀕臨絕種的禽畜品種，並鼓勵生產這些品種，以提昇農地品質。

有機消費者協會（Organic Consumers Association）—www.organicconsumers.org

會員六十多萬人，是個非營利的公益草根組織，處理食品安全、工業農業、基因工程、企業責任和環境永續等重要議題。專門代表美國約一千萬有機消費者的觀點和利益。

慢食（Slow Food）—www.slowfood.com

卡洛・佩屈尼一九八六年成立於義大利，慢食是開放會員制的國際協會，推廣食物與飲酒文化，也捍衛全球各地的食物與農業生物多樣性。全球有超過八萬三千會員，辦事處遍及義大利、德國、瑞士、美國、法國、日本和英國。

土壤協會（Soil Association）—www.soilassociation.org

土壤協會是英國有機食品與農耕推廣運動及認證的領導組織，由一群農民、科學家和營養學家於一九四六年成立。他們觀察到農耕實務與植物、動物、人類和環境健康之間存在著直接的關連性。

永續餐桌（Sustainable Table）—www.sustainabletable.org

全球資源環境活動中心（Global Resource Action Center for the Environment）發起的消費者運動。目的是弭平永續食物運動的落差，引導消費者走向致力於該議題的領導性組織。

美國農業部農業行銷服務處（USDA Agricultural Marketing Service）
—www.ams.usda.gov/farmersmarkets

提供各州當地農夫市場的清單。

看守世界研究中心（Worldwatch Institute）—www.worldwatch.org

成立於一九七四年，將跨學科研究、全球聚焦和容易理解的文字作品做一獨特的混合，使它成爲環境、社會和經濟等關鍵趨勢互動上，數一數二的資訊來源。

「社區支援農業」（CSA）與美國當地社區園地

美國在地社區園藝協會（American Community Gardening Association）—www.communitygarden.org

這是由專業人士、志工和支持者組成的雙國非營利會員組織，致力於都市和鄉村社區的綠化工作。

堆肥指南（Compost Guide）—www.compostguide.com

這是一份淸晰又包羅萬象的堆肥大全指南，包括蚯蚓飼養（vermicomposting）在內，內含完整的資源淸單，供開闢花園之用。

食物途徑（Food Routes）—www.foodroutes.org

這個全國性的非營利組織，專門將食物、種子、製造它的農夫以及從田地到我們餐桌上的運送路線等，再度介紹給美國人民。在他們的倡導者工具（Tools for Advocates）中，有一份名爲《你的食物從哪來？》（*Where Does Your Food Come From?*）的出版品，探討如何有效發展在地食物運動，以及要用什麼訊息讓民眾產生共鳴。

在地收成（Local Harvest）—www.localharvest.com

維護現行全國ＣＳＡ（社區支援農業）、農夫市場、小型農場等當地食物資源的公共名錄，具權威性與可靠度。

健康學校

社區糧食安全聯盟（The Community Food Security Coalition，簡稱ＣＦＳＣ）—www.foodsecurity.org

這個一流的網站，提供「從農場到學校午餐計畫」（Farm to School Program）的指引，有祕訣、工具、技術協助和資助機會等，這是在《健康農場》（*Healthy Farms*）、《健康小子》（*Healthy Kids*）等之外，又一個有用的出版品。

食用校園（The Edible Schoolyard）—www.edibleschoolyard.org

食用校園提供它的計畫，作爲其他從事創造有機菜園和兒童烹飪計畫的模範。

全國從農場到學校計畫（National Farm to School Program）—www.farmtoschool.org

這些課程的目標，是在學校自助餐廳提供健康餐食、改善學生的營養狀況、提供健康與營養的終身教育，並支持當地小型農場，將學校與在地農場連在一起。

美國農業部報告—www.ams.usda.gov/tmd/mta/publications.htm

題目是：「在地農民與學校的伙食採購如何建立同盟關係」（How Local Farmers and School Food Service Buyers Are Building Alliances），本報告摘述研習營的教育重點，目的是幫助小農與全國各地學校的伙食採購，探索他們如何在自己的社群建立起類似的事業關係。

動物權益組織與庇護所

世界農場動物慈善聯合協會（Compassion in World Farming Trusts）—www.ciwf.org

CIWF的使命，是透過激烈的運動、民眾教育，以及強有力的政治遊說，終結工廠農場制度，及所有在飼養動物身上加諸痛苦的慣例、技術和交易。

農場動物庇護所（Farm Sanctuary）—www.farmsanctuary.org

農場動物庇護所，全國性的營救組織、庇護所，以及農場動物的領養網路，成立於一九八六年，當時兩位有惻隱之心的活躍分子營救了希爾達（Hilda）——一隻被棄置在飼養場的「死亡堆」中，任其自生自滅的羊。如今，農場動物庇護所是美國最大的農場動物營救中心及保護組織。

人道對待動物協會（People for the Ethical Treatment of Animals）—www.peta.org

成立於一九八〇年的PETA，有超過八十五萬會員，是全球最大的動物權益組織。PETA專門致力於確立並保護所有動物的權益。

到哪裡尋找有機和永續的產品

女牛仔乳製品商店（Cowgirl Creamery）—www.cowgirlcreamery.com

在乳酪製作的手藝中，佩姬・史密斯（Peggy Smith）和蘇・康莉（Sue Conley）可說是「眞正舊世界」（Truly Old World）的藝匠，她們在加州雷斯岬站（Point Reyes Station）翻修後的穀倉中，製作出最受敬重且贏得獎項的有機乳酪。

綠世代（Generation Green）—www.generationgreen.org

綠世代讓家庭在公共政策決策上有發聲的機會。身爲消費者的我們，有權拒絕危及自身與子女的企業政策。綠世代也製作書籍《新鮮選擇：當你買不到百分百有機時，超過一百種純淨食物的簡易食譜》（*Fresh Choices: More Than 100 Easy Recipes for Pure Food When You Can't Buy 100% Organic*），讓人們烹煮出兼具健康和美味的餐食，而不會因爲有太多異國風味和難以尋找的素材而感到麻煩。

美國家傳食物（Heritage Foods USA）—www.heritagefoodsusa.com

美國家傳食物的存在，是爲了促進基因多樣性、小型家庭農場，以及完全可追溯的糧食供給。

本土種子／尋找（Native Seeds/SEARCH）—www.nativeseeds.org

將我們守護的作物傳統用法的知識保存下來。透過研究、種子分送與社區擴大服務，保護生物的多樣性並彰顯多元文化。也可以訂購種子，來栽種傳統的托赫諾奧哈姆（Tohono O'odham）部落食物。

尼曼牧場（Niman Ranch）—www.nimanranch.com

於將近三十年前，在隔著金門大橋與舊金山遙遙相望的馬林郡創業。他們與全美各地超過三百家獨立家庭農場合作，每家農場依據他們嚴格的協定飼養家畜。

「改變的種子」（Seeds of Change）—www.seedsofchange.com

一九八九年成立，任務很單純：藉由培養並傳播各種各樣的交互授粉、有機栽培、傳家且傳統的蔬菜、花卉與香草種子，幫忙保存生物多樣性，並促進永續、有機農業。

史卡吉特河牧場（Skagit River Ranch）—www.skagitriverranch.com

位於華盛頓州，是個小型的家庭有機認證農場。喬治和愛子・維考維奇（書中有專門段落介紹）用心提供顧客最健康的有機牛肉、雞肉和雞蛋，這些都是農場直送的。

書籍、期刊和DVD

《動物解放》（*Animal Liberation*），彼得・辛格（Peter Singer）著（二〇〇一）

本書最初於一九七五年出版，作者生命倫理家彼得・辛格揭露今日「工廠農場」與產品測試程序駭人聽聞的事實，爲環境、社會與道德的深度議題，提供健全、人道的解決之道。

《讓孩子跟疾病絕緣》（*Disease-Proof Your Child: Feeding Kids Right*），喬・福爾曼（Joel Fuhrman）醫師著（二〇〇五）

福爾曼醫師解釋吃特定食物（以及避免其它食物），爲何會明顯影響孩子對危險傳染病的抵抗，與他們智能和在學成就。

《在這裡吃：在全球超市的環境中，收復家栽的樂趣》（*Eat Here: Homegrown Pleasures in a Global Supermarket*），布萊恩・豪威爾（Brian Halweil）著（二〇〇四）

看守世界研究中心資深研究員的布萊恩・豪威爾，寫到我們用什麼方式栽種食物，對社會和生態帶來的衝擊。

《速食共和國》（*Fast Food Nation: The Dark Side of the All-American Meal*），艾瑞克・西洛瑟（Eric Schlosser）著（二〇〇二）

《速食共和國》是突破性的調查工作與文化史，改變美國對食物的觀念。

《食物政治學：食品業如何影響營養與健康》（*Food Politics: How the Food Industry Influences Nutrition and Health*），梅莉安・奈斯里（Marion Nestle）著（二〇〇三）

梅莉安・奈斯里博士生動解說正在發揮作用的糧食政治，包括愈來愈使不上力的政府飲食建議、學校大力販賣軟性飲料、對膳食補充品不遺餘力的促銷，彷彿那些是第一修正案的人權似的。說到食物的大量製造與消費，這時策略性決策是被經濟利益驅使，而不是科學、常識，當然更不是健康。

《食物革命：你的飲食如何拯救你的生命和我們的世界》（*The Food Revolution: How Your Diet Can Help Save Your Life and Our World*），約翰・羅彬斯（John Robbins）著（二〇〇一）

約翰・羅彬斯以百萬暢銷書《新世紀飲食》（*Diet for a New America*）發起「糧食革命」，這本書大膽假設，每個人的飲食集合起來可以拯救自己和世界。

《食物的未來》（*The Future of Food*）—www.thefutureoffood.com

《食物的未來》是長篇紀錄片，由黛柏拉・孔斯・加西亞（Deborah Koons Garcia）製作，針對未標示、獲專利權且經過基因工程改造的食物背後，令人不安的眞相進行深度調查。過去十年來，這些食物默默地充斥著美國雜貨店的貨架。

《一座小行星的新飲食方式》（*Hope's Edge: The Next Diet for a Small Planet*），法蘭西斯・拉佩與安娜・拉佩（Frances Moore Lappé and Anna Lappé）合著（二〇〇二）（大塊出版）

三十年前，法蘭西斯・拉佩對美國人對食物與飢餓的看法，發動一次革命。法蘭西斯和女兒安娜以這本書，爲《一座小行星的飲食》（*Diet for a Small Planet*）補遺。

《新素食寶寶》（*New Vegetarian Baby*），雪倫・耶特瑪（Sharon Yntema）著（一九九五）

本書收納所有最新資訊，加強你自己的直覺，回答你的問題，並且爲嬰兒吃素排除疑慮。

《素食手冊》（*The Vegetarian Sourcebook: Basic Consumer Health Information about Vegetarian Diet, Lifestyle and Philosophy*），（二〇〇二）

這份絕佳的參考資料，包含你我不得不注意的統計數據，敘述各種型態的素食，並針對如何將素食以安全的方式融入日常生活提供實用建議。

《素食新聞》（*VegNews*）—www.vegnews.com

這本受歡迎的雜誌，將焦點放在素食者關心的事物上，將如何過慈悲與健康生活的最新資訊，提供給十萬名以上的讀者。

特殊主張

基因改造食品標籤運動（Campaign to Label Genetically Engineered Foods）

—www.thecampaign.org

成立於一九九九年三月，關注愈來愈多未標示與未經充分測試的基因工程作物。

波西・史麥瑟（Percy Schmeiser），農民／活躍分子—www.percyschmeiser.com

如果你對波西面對的法律挑戰給予財務協助，請上他的網站，或將捐款寄到：Fight Genetically Altered Food Fund Inc., Box 3743, Humboldt, SK, S0K 2A0, Canada。

岡貝黑猩猩圖彼（Tubi〔to be〕）正在測試無花果是否成熟。他用下嘴唇吸取一大片果皮跟種子的最後一滴汁液。（ © William Wallauer / JGI）

年老的母黑猩猩芙蘿（Flo）示範工具的使用。她正在「釣」白蟻。
（© Hugo van Lawick）

黑猩猩寶寶正聚精會神觀看較年長者的表演，在觀察過程中顯出極大的專注力，新奇的行爲就是透過觀察、模仿和練習，從一個世代傳到下一個世代。
（© William Wallauer / JGI）

成年的公黑猩猩托普（Topo）在位於俄勒岡州班德（Bend）的保護區生活，在可以選擇的情況下，一律會挑選有機蔬果。他正吃著有機萵苣，而不理會另一手拿的。（© Lesley Day）

我和湯姆・孟格爾頌在黃石國家公園野餐。（© Tom Mangelsen / Image of Nature）

直到曳引機到來前，都是由馬、公牛等家畜負責犁田，艾米許人（Amish）至今仍然以傳統方式耕作。（© Greg Pease / Getty Images）

英國的抗議行動，將基改作物連根拔起。（© Greenpeace / Morgan）

加拿大的農夫波西．史麥瑟（Percy Schmeiser）以小蝦米對抗大鯨魚「孟山都」。（© Lily Films）

目前仍有不少的小農，維持古早時期動物與人之間的盟友關係。
（© Diane Halverson of Animal Welfare Institute）

育種母豬的一生。她們即將臨盆之際，就被遷移到專門待產的豬圈。（© CIWF）

這隻鵝正被用一根金屬或塑膠的管子強行灌食，管子硬塞進她的喉頭，另一頭連到一臺加壓幫浦上。（© CIWF）

想像全球數十億蛋雞在類似「電池農場」（battery farm）裡承受的挫折和痛苦。（© CIWF）

麥克和蘇莉在長到過大而無法被愛畜動物園收容時，就要被送去屠宰。我寫了一封信去支持抗議群眾。現在他們在魁北克的動物基金會（Fauna Foundation）一處保護區裡，過著安祥的生活。（© Robert Sassor）

我在世界各地旅行時，許多大廚和外燴業者表示願意料理有機餐食。琳達・漢普斯頓（Linda Hampsten）在科羅拉多州的伯德（Boulder），為一小群朋友聚會做了這些美味料理。（© Jeff Orlowski）

在加州納帕河谷，羊兒正在羅伯・辛斯基農場（Robert Sinskey's Farm）的葡萄園間嚼食青草。這些羊不斷修剪草皮，同時提供天然糞肥。（© Robert Sinskey）

如今很多小孩對自己吃的東西幾乎一無所知。有些兒童不確定馬鈴薯究竟是長在地上，還是長在樹上！（© Tom Mangelsen / Image of Nature）

在坦尚尼亞，一群參與珍古德協會TACARE（take care）計畫的婦女，正在照顧樹木的苗圃，我們逐漸讓這些人有能力改善自己的生活，如今他們同我們一塊保護岡貝的黑猩猩。（© Kristin Mosher）

肥胖症已經成爲排名前幾的死因。
（©Roy McMahon / Corbis）

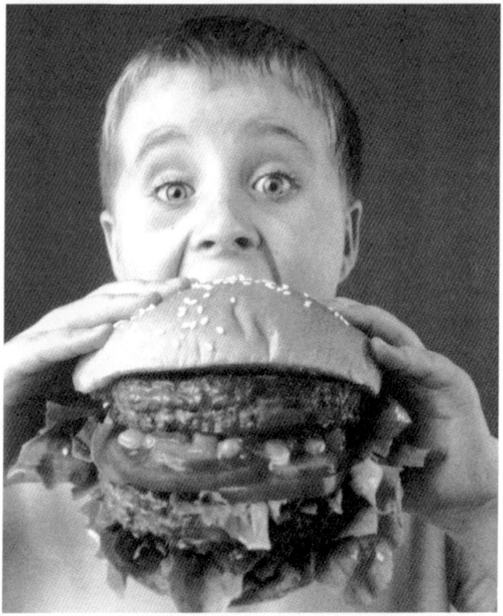

肥胖症盛行在我們的孩子之間，這會令人驚訝嗎？速食的成長，它那通常不利健康的成份和大到不行的份量，必須爲世界愈來愈多地方的過重兒童負起責任。（© Chris Everard / Getty Images）

這是內布拉斯加州中，數百個不規則形狀的中心支軸灌溉系統，不僅危害地下水，也包括含水層在內。長約〇・二五英里的手臂緩緩繞著中心的幫浦轉動，以巨大圓形的形狀釋放出水來。（© Tom Mangelsen / Image of Nature）

這群年輕的牛被迫站在泥濘又臭的糞水中，對攝影師感到好奇。
（© Tom Mangelsen / Image of Nature）

國家圖書館出版品預行編目 (CIP) 資料

用心飲食 / Jane Goodall, Gary McAvoy, Gail Hudson 著 ;
陳正芬譯 . -- 二版 . -- 臺北市 : 大塊文化 , 2020.03
面 ;　公分 . -- (From ; 45)
譯自 : Harvest for hope : a guide to mindful eating
ISBN 978-986-5406-57-8(平裝)

1. 飲食 2. 食物 3. 環境保護 4. 有機農業

427　　109001469

LOCUS

LOCUS

LOCUS

LOCUS